含盐条件
建筑材料热工性能

潘振皓　周忠瑞　毛会军　孟庆林　著

U0243562

华南理工大学出版社
SOUTH CHINA UNIVERSITY OF TECHNOLOGY PRESS
·广州·

图书在版编目（CIP）数据

含盐条件建筑材料热工性能/潘振皓等著. --广州：华南理工大学出版社，2024.10. -- ISBN 978 - 7 - 5623 - 7815 - 0

Ⅰ. TU5

中国国家版本馆 CIP 数据核字第 2024635Q1B 号

Hanyan Tiaojian Jianzhu Cailiao Regong Xingneng

含盐条件建筑材料热工性能

潘振皓　周忠瑞　毛会军　孟庆林　著

出 版 人：房俊东

出版发行：华南理工大学出版社

　　　　　（广州五山华南理工大学 17 号楼，邮编 510640）

　　　　　http：//hg. cb. scut. edu. cn　E-mail：scutc13@ scut. edu. cn

　　　　　营销部电话：020 - 87113487　87111048（传真）

策划编辑：陈小芳

责任编辑：邱　燕

责任校对：龙祈君

印 刷 者：广州小明数码印刷有限公司

开　　本：787mm×960mm　1/16　印张：12.875　字数：224 千

版　　次：2024 年 10 月第 1 版　印次：2024 年 10 月第 1 次印刷

定　　价：88.00 元

前 言 | PREFACE

　　我国拥有广阔的海洋领土面积，其中大部分位于热带、亚热带。由于国家经济、民生、国防建设的需要，处于海洋环境中的建筑其数量与体量不断增加，导致能耗与碳排放量持续攀升。而这些建筑的围护结构因长年受强太阳辐射、高温、高湿、海盐的影响，其内部的传热传质过程迥异于内陆建筑情况，对建筑能耗、室内物理环境、耐久性等方面产生的影响也与内陆建筑不同。例如，对多孔建筑材料而言，海洋环境使其面临更为复杂的热质耦合迁移以及盐析沉积问题，含盐湿空气氛围使得建筑表面对流传质规律较内陆情况更为复杂；盐雾、湿热条件综合作用下建筑外表面防腐涂层的太阳辐射反射比、发射率、对流换热系数、辐射换热系数等关键参数相较内陆发生较大变化，实际工作性能与预期因此产生较大偏差；建筑玻璃也将因盐分沉积而改变表面换热特性与光热性能，使室内环境与建筑能耗变得难以预测与估量。然而，纵观国内外，尚无可直接解决上述问题的研究先例。基于此，研究团队探索了海洋含盐湿空气环境的复现方法，研究了常用建筑材料在高温、高湿、高盐环境中的热物性变化，以及这些变化对室内物理环境、建筑能耗、耐久度等方面的影响，探讨了多孔材料在含盐环境中的蒸发冷却机制，分析了盐雾腐蚀对建筑外表面防腐涂层热物性参数的影响，推测出盐分沉积对建筑玻璃换热系数和光热性能的影响等，系统阐述建筑材料在湿热海洋环境中的工程技术特性。

　　本书的内容有助于明晰建筑材料在极端热湿盐环境中的性能变

化机制，为优化室内物理环境、降低建筑能耗提出设计与选用方法，从而为热带、亚热带海洋环境中的建筑设计、营造和运维提供科学依据与技术支撑，为推动建筑领域的低碳绿色发展贡献力量。

相关研究工作得到了国家自然科学基金重点项目（51938006）、亚热带建筑科学国家重点实验室国际合作研究开放课题（2022ZC02）、亚热带建筑科学国家重点实验室自主研究课题重点项目（2022KA03）的资助，在此表示衷心感谢。此外，一并向为本书研究工作作出贡献的同仁致谢。

本书的理论与技术体系由孟庆林构建，并由潘振皓（第2、3章）、周忠瑞（第4、5章）、毛会军（第1、6、7章）撰稿。由于作者的水平有限，书中难免有不足之处，恳请读者批评指正。

著者

2024 年 8 月

目　录

第一章

绪论

我国大陆周围存在渤海、黄海、东海、南海等海域，海域上分布着约7600个大小岛屿，且大陆海岸线长约 1.8 万千米，共跨越 12 个省市区，涵盖温带、亚热带和热带 3 个气候带[1]。受海洋环境的影响，沿海地区和岛屿上的建筑围护结构除了承受着与大陆地区相同的热湿压力外，还要面对含盐环境的侵蚀。以舟山群岛为例，其气候为典型的亚热带季风气候，年平均气温 16℃，最热月平均气温 25.8～28.0℃，最冷月平均气温 5.2～5.9℃[2]。舟山群岛四面环海，空气中盐雾(NaCl)质量浓度达到 0.53 mg/m³，比距海 50 km 的广州空气中盐雾质量浓度高了近 31 倍。当建筑处于上述含盐条件下，空气中所含的盐分，尤其是海洋性气溶胶，容易引发围护结构(包括非透明与透明)表面盐分的湿沉积或干沉积以及盐蚀破坏，如图 1-1 所示，含盐条件导致围护结构的传热、传湿特性以及耐久性发生变化，使建筑能耗居高不下，质量问题层出不穷。

(a) 多孔材料表面　　　　　　　　　　(b) 玻璃表面[3]

图 1-1　建筑表面盐分沉积现象

多孔材料、表面涂层及建筑玻璃作为常见的建筑材料，其热工性能影响着室内热舒适与建筑能耗。多孔陶瓷材料(porous ceramic materials)用于构造贴附于建筑外表面的高吸水材料层。它具备吸水后的长时间持水能力，在太阳辐射、气温等参数出现周期性波峰时，能通过释放蒸发潜热，实现降低建筑外表面温度峰值、延迟波峰时刻的目的。多孔材料一般以黏土、矿物等为原材料，经高温烧制成无釉面的片、板、砖状材，具有孔隙率高、孔径大、吸水快、吸水率高($\omega > 10\%$)等优点，并且，通常用水泥砂浆，多孔材料就可以被稳固粘贴于外墙外表面。多孔材料可塑性强，可制成多种颜色、质地、纹理的建材，常用于仿古、现代景观等建筑室内、外墙面。一般情况下，建筑的淋水水源选择多样，有降雨、市政水、其他自然水体。但含盐地区一般以滨海地区与海岛为主，淡水资源紧张，相比之下海水资源不仅丰富、易于获得、温度较低，还有较好的降温效益，因此海水十分适合作为含盐环境中建筑的降温水源。然而，在长年高温、高湿、高盐、强辐射等多强场耦合作用下，建筑利用淡水和海水进行被动蒸发降温，使滨海地区与海岛建筑使用的多孔材料面临的热、湿、盐耦合迁移及含盐湿空气中对流传质问题比大陆地区建材面对的情况更为复杂。纵观国内外，尚无针对类似问题的研究先例，难以通过现有理论体系进行详细解释。因此，广泛应用于内陆地区的建筑被动蒸发降温技术能否适应极端热湿环境这个问题有待进一步论证。

建筑外表面防腐蚀涂层应用于海洋大气环境中时，时刻受到湿热、盐雾、辐射等的综合作用，会发生不可逆的化学和物理变化，导致涂层性能下降或劣化，极易造成涂层的损坏[4]。涂层中的树脂在受到太阳辐射尤其是紫外线作用时发生光降解[5]，出现失光变色、增加孔隙、开裂等问题[6]。同时涂层表面与含盐湿空气接触，在干湿循环作用下，水及氯离子会不断地通过涂层材料的孔隙向涂层内部和涂层下表面迁移，进一步破坏涂层[7, 8]。在不断的干湿循环过程中，水进入涂层或者涂层失去水，盐结晶析出，体积膨胀，不仅使涂层内部产生应力，出现开裂，同时还会形成渗透压使更多的水和氯离子向内迁移。这些效应都会对涂层表面的热物性参数，如太阳反射比、发射率、对流换热系数、辐射换热系数产生极大影响。目前国内外针对涂层太阳反射比、发射率、对流换热系数、辐射换热系数的研究多针对无盐雾存在的内陆环境，并没有考虑盐雾腐蚀。由于海洋大气环境中盐分的存在，建筑材料受到湿热、盐雾、辐射等的综合作用，其表面太阳反射比、发射率、对流换热系数、辐射换热系数等参数变化规律与常规热湿条件下相比存在较大差异。因此，探究盐雾腐蚀对建筑表面热物性的影响十分必要。

作为沟通室内外声、光、热环境的桥梁，建筑玻璃虽然仅占围护结构外表面面积的 $\frac{1}{8} \sim \frac{1}{6}$，但产生的热损失却占围护结构总热损失的 $40\% \sim 50\%$[9]，因此是围护结构性能优化重点关注的对象。由于处于沿海地区的盐雾气候下的建筑玻璃表面易出现盐分湿沉积或干沉积现象，导致表面换热特性与光热性能发生变化,因此其与处于内陆地区常规气候下的建筑玻璃热工性能存在差异。而在建筑室内光热环境下建筑能耗的模拟过程中,玻璃热工性能作为重要的输入参数,影响光、热舒适评价的合理性和能耗预测的准确性。相关研究表明,若表面对流换热系数计算不确定度为15%,将导致建筑物围护结构预测热流产生15%～20%的偏差[10],更甚者,其取值差异可导致全年制冷能耗偏差高达30%[11]。在夏热冬冷地区,随着外窗太阳得热系数与传热系数的减小,建筑总能耗的变化梯度分别为 $1.5\%/0.1\,\mathrm{W}/(\mathrm{m}^2 \cdot \mathrm{K})$ 与 $0.05\%/0.1\,\mathrm{W}/(\mathrm{m}^2 \cdot \mathrm{K})$[12]。因此,研究盐雾条件对建筑玻璃表面盐分沉积特征的作用机制,探究盐分沉积与玻璃表面换热系数、光热性能的定量关系,揭示盐分沉积对室内光热环境与建筑能耗的影响规律,对于我国沿海地区与海岛的建筑低碳绿色发展和实现"双碳"目标具有重要意义。

此外,目前缺乏针对含盐热湿气候环境的实验复现技术。含盐热湿气候环境包括同时出现的温度、湿度、太阳辐射强度、风速,以及含盐湿空气氛围。长时间高温、高湿环境,耦合含盐湿空气的实验环境尚无先例。因而需在当前动态热湿气候风洞基础上,进一步发展含盐热湿气候工况,并开发含盐湿空气氛围的复现技术,为实验室研究含盐条件下建筑围护结构的热工性能变化奠定基础。

综上所述,本书将深入探讨含盐条件下建筑材料的热工性能,通过对多孔材料、表面涂层及建筑玻璃的研究,着重分析其在高温、高湿、高盐环境中的热物性变化和其对室内物理环境和建筑能耗的影响。具体研究内容包括:①开发含盐热湿气候的实验复现技术,为相关材料的热工性能研究奠定基础;②多孔材料在含盐环境中蒸发冷却性能的变化机制;③含盐湿空气对建筑外表面防腐涂层热物性参数的影响;④盐雾条件下建筑玻璃表面盐分沉积特征和其对换热系数和光热性能的影响。这些研究旨在为沿海及海岛地区的建筑节能设计提供科学依据,推动建筑领域的低碳绿色发展,为实现"双碳"目标助力。

第二章

含盐热湿气候环境及复现

第一节　含盐热湿气候环境特征研究

一、气候特点

我国南海地区岛屿主要分布于北纬 $10°\sim25°$ 的热带地区，气温常年处于 $24\sim30℃$ 左右，气温年较差和日较差较小，年降水量超过 2000 mm 且月分布均匀，盛行风向变化明显，具有热带海洋性气候特征[13]。南海季风在我国近海最为稳定强烈，中心强度大于 9 m/s，每年 11 月至翌年 3 月盛行东北向冬季风；5—8 月盛行西南向夏季风，伴随大范围降水[14]，5 月起夏季风主导期降雨显著增多[15]。相比相邻的孟加拉湾西南季风，南海热带季风在强度、时间上均较弱，并影响降水水平[16]。南海诸岛受热带风暴影响，东沙群岛受影响程度最强，南沙群岛南端最弱[17]。南海地区台风总数约占中国近海出现台风总量的 61.09%，强台风次数约占 51.68%，本海区自生成台风占总量的 35.3%，其中中北部北纬 $15°\sim20°$ 西沙群岛东北和东沙群岛以南区域为台风最为高发区域。受太阳赤纬角和季风影响，该地区气温、水温基本保持同步变化趋势。稳定而强烈的季风和大量降水使该地区气候季节变化缓和，抑制了夏季极高温的出现[14]。

南海气候季节的变化与温带大陆地区差异明显。根据张寶堃标准：候平均气温 $<10℃$ 为冬季，$>22℃$ 为夏季[18]。《建筑气候区划标准（GB 50178—93）》的 IV_A 区和《民用建筑热工设计规范（GB 50176—2016）》中的夏热冬暖地区划分依据与其接近，差别在于，前者要求 7 月平均气温在 $25\sim29℃$，年日均气温 $\geq25℃$ 的天数达 $100\sim200$ 天[19]。可见南海岛礁气候常年集中于上述范围的最热值附近。与南海纬度接近的委内瑞拉马拉开波（Maracaibo），位于北纬 $10°34'$，全年气温变化在 $26.5\sim28.6$ ℃，相对湿度在 73%～77% 之间[20]。马来半岛中部以北、菲律宾群岛北部及南亚等地区亦有类似气候特征。从海洋水温度来看，南海诸岛位于北纬20°附近、海洋"全夏线"以南，附近水温在28～30℃范围内，表层水温年较差仅有2℃；相比之下，渤海水温年较差可达27℃，如图2－1所示[21]。若要对"季节"进行划分，则可参考1994年陈上及针对水文季节提出的"孟夏、仲夏、盛夏、晚夏"的划分方法[14]。一般而言，海水温度受太阳辐射和大气与海洋环流相互作用控制，水温的季节变化略滞后于大气季节变化[21]，但由于南海年较差不大，在研究对比了水温变化和气温的实际变化后，认为两者变化规律基本一致。

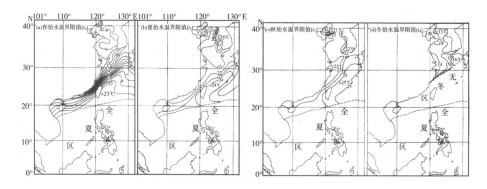

图2－1　我国近海水文季节海域分布[21]

与此同时，海洋大气高含盐特征在南海也较为突出。1989年开始，吴兑等对西沙永兴岛降水酸度及成分[22]、海洋气溶胶[23]、大气海盐粒子状况[24]等的研究均显示，南海大气中具有相当高含量的盐分。这些盐分通过沉降或吸附作用累积于建筑表面，在降雨时渗入建筑内部；此外，湿空气中的盐分对湿空气热湿物性与湿表面蒸发环境均可能存在影响。

二、南沙永暑礁（岛）

南沙群岛位于北纬3°40′～11°55′，东经109°33′～117°50′，地处我国南海南部。南沙群岛以"南沙六群礁"为主体，自北向南依次为双子群礁、中业群礁、道明群礁、郑和群礁、九章群礁及尹庆群礁，其中较为大型的岛礁有永暑礁（岛）、美济礁（岛）、渚碧礁、太平岛、中业岛、南威岛等。南沙群岛岛礁上常年高温、高湿、高盐，年平均气温超过28℃，夏季地表温度超过

60℃。当地每年11月至翌年3月间受东北季风影响,6月至10月盛行西南季风,台风多发。受周边地形及气候影响,当地风速变化较大且突然,大风多,持续时间长。且当地降雨量大,年降雨量可超过2000 mm。

(1)南沙群岛气象参数来源

本研究搜集到的南沙群岛气象参数来源有:①2012年夏季南海海洋气象科考船实测数据,数据来源于国家科技基础条件平台、国家地球系统科学数据中心共享服务平台中南海及其邻近海区科学数据中心共享的"南海海洋科学数据库"之"2009—2012年南海海洋断面科学考察海面气象观测数据集系列"中"2012年夏季航次"数据,数据集内容包含气温、气压、风速、风向、瞬时风速、相对湿度六种气象参数数据及相关经纬度信息;②南沙群岛永暑礁典型气象年数据,来源于《建筑节能气象参数标准(JGJ/T 346—2014)》中记载的南海南沙群岛及永暑礁典型气象年数据,内容包括干球温度、湿球温度、风速、水平面总辐射及直射辐射等数据;③美国国家海洋和大气管理局(National Oceanic and Atmospheric Administration, NOAA)涉及的该地区气象数据。由于来源①数据为实际测试数据,真实性强,来源②数据则基于长期观测获得,具有较强典型性,因此本研究基于上述两个数据来源进行比较分析。

(2)南沙群岛气候特征

本研究基于"典型气象年数据"对南沙群岛气候特征进行分析。综合来说,南沙群岛永暑礁上正午水平面总辐射年分布稳定且强烈,盖因永暑礁地处低纬度,临近赤道,太阳辐射强烈,日照时数长,年平均正午总辐射值约为843.13 W/m²。由图2-2可见,与广州正午辐射强度年分布相比,永暑礁上正午总辐射强度月平均值在780～920 W/m²之间波动,而广州则在350～680 W/m²之间波动。永暑礁上正午总辐射远高于广州,月内各日正午总辐射值波幅较小,月均值呈现稳定且强烈的特点。从水平总辐射月份分布来看,4月、5月及9月为永暑礁日照最为强烈的三个月份,辐射强度年分布呈双峰型分布。相比之下,广州辐射年分布则呈现明显的冬季低夏季高的特点。由此可见,永暑礁具有常年极端强辐射特点。

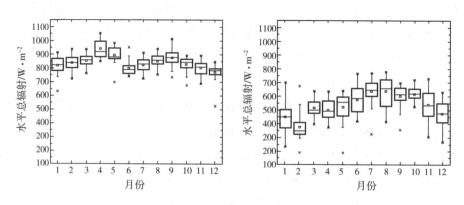

图 2 - 2　水平总辐射逐月统计

（左：永暑礁；右：广州；基于 JGJ/T 346—2014 典型气象年数据）

　　永暑礁上气温常年处于高值，年较差极小。由图 2 - 3 可明显看出，永暑礁上气温常年处于 22.5 ～ 30℃ 区间，除夏季外气温均远高于广州，相当于几乎全年处在广州最热月气温范围内。且永暑礁各月内日际气温变化小，日均气温年较差小。据此，可认为永暑礁气温常年处于极高值范围内。

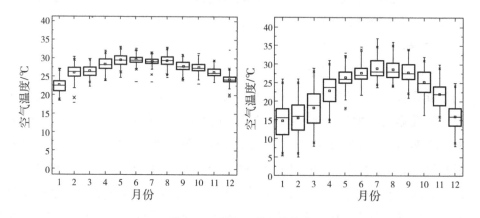

图 2 - 3　空气温度逐月统计

（左：永暑礁；右：广州；基于 JGJ/T 346—2014 典型气象年数据）

　　永暑礁上空气常年处于高湿状态。由图 2 - 4 可看出，在 6—8 月份，永暑礁和广州空气水蒸气分压力水平较为接近，但在其他月份，永暑礁水蒸气分压力均高于广州。其中湿空气水蒸气饱和分压力 P_{qb}(Pa) 由下式计算[25]：

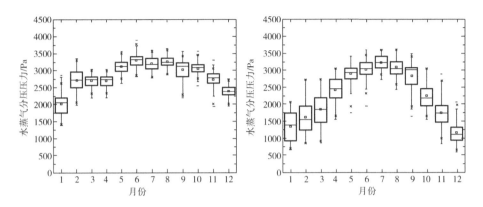

图 2 - 4　空气水蒸气分压力逐月统计

（左：永暑礁；右：广州；基于 JGJ/T 346—2014 典型气象年数据）

$$\ln P_{qb} = \frac{c_1}{T_{a_1}} + c_2 + c_3 T_a + c_4 T_a^2 + c_5 T_a^3 + c_6 \ln T_a \qquad (2 - 1)$$

式中：$c_1 = -5800.220\,6$，$c_2 = 1.391\,499\,3$，$c_3 = -0.048\,640\,239$，$c_4 = 0.417\,647\,68 \times 10^{-4}$，$c_5 = -0.144\,520\,93 \times 10^{-7}$，$c_6 = 6.545\,967\,3$；$T_a$ 为湿空气温度，单位 K，$T_a = 273.15 + t$，t 为摄氏温度，℃。

对比相对湿度则可以更为明显地看出，永暑礁上空气相对湿度常年处于广州的极高值范围内，且分布集中。相比之下，广州空气相对湿度年较差较大且各月内波幅明显，如图 2 - 5 所示。据此认为，永暑礁上空气常年处于极端高湿水平。

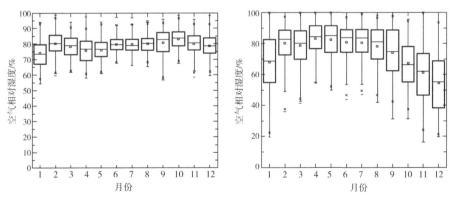

图 2 - 5　相对湿度

（左：永暑礁；右：广州；基于 JGJ/T 346—2014 典型气象年数据）

13

　　永暑礁上风速较广州显著更高。由图 2 - 6 可见，受海洋大气环流和季风影响，永暑礁全年风速均高于广州。月平均风速年分布中 6、7 月份和 11、12 月份呈较高形态。

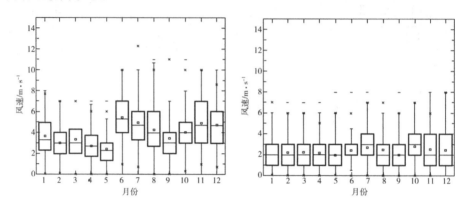

图 2 - 6　风速

（左：永暑礁；右：广州；基于 JGJ/T 346—2014 典型气象年数据）

　　通过对 JGJ/T 346—2014 中永暑礁和广州两地典型气象年数据的分析可得出，永暑礁具有常年强太阳辐射、高温、高湿以及强风等特点，且其气象参数并未明显偏离《建筑气候区划标准（GB 50178—93）》和《民用建筑热工设计规范（GB 50176—2016）》所述范围，但各项指标常年处于上述标准的极高值区间。因此，永暑礁具有极端热湿气候特征。

　　(3)2012 年南海气象航测数据

　　南海地区实测数据源于"南海海洋科学数据库"之"2009—2012 年南海海洋断面科学考察海面气象观测数据集系列"中的"2012 年夏季航次"数据。

　　2012 年夏季南海海洋断面科学考察期为 2012 年 8 月至 9 月间，从广东南部沿海始，途经西沙群岛，主要航行在南沙群岛附近，最南接近曾母暗沙，由这段海面航行测量得到海面气象数据。气象数据的测量采用"AANDERAA 自动气象站（AWS - 2700 型）"进行，所获得的数据集内容包含气温、气压、风速、风向、瞬时风速、相对湿度六种气象参数数据及相关经纬度信息。

　　选取 8 月 24 日至 9 月 4 日共 12 天南沙群岛附近海域的测点数据。每 0 时测点位置如图 2 - 7 所示。航测 12 天所记录的气象参数总体变化范围如表 2 - 1 所示，各日气温、相对湿度变化如图 2 - 8 ～图 2 - 19 所示，航测气温、相对湿度、风速变化与典型年同期对比情况如图2-20～图2-22所示。查阅 JGJ/T 346—2014 中典型气象年数据，8～9月正午太阳辐射强度、日平均气温为全年最高水平，因而12天实测数据具有一定的夏季代表性。

具体而言，12天航测数据比典型气象年数据气温更低、日较差更小、风速更高，如图2-20～图2-22所示。推测差异是由于2012年8—9月气象特殊性、测点下垫面差异及测点移动方向与速度导致的。但相比大陆沿海地区，南沙群岛高温、高湿、强风的环境特点依旧明显。

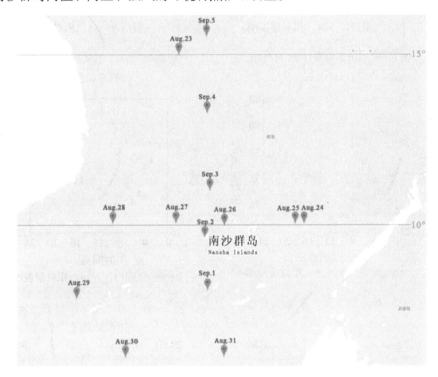

图2-7　测点轨迹示意图

（标记点定位时间为每日0时，由笔者自绘）

表2-1　12天气象参数变化范围

项目	平均值	最高值	最低值
相对湿度/%	76.91	88.9	67.8
气温/℃	27.85	29.7	22.8
风速/m·s⁻¹	7.98	15.8	0.2

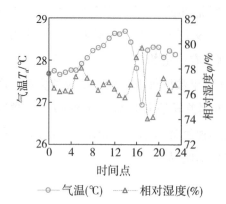

图 2-8　2012 年 8 月 24 日气温
与相对湿度

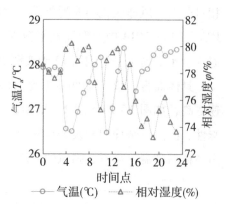

图 2-9　2012 年 8 月 25 日气温
与相对湿度

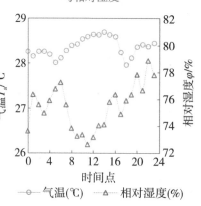

图 2-10　2012 年 8 月 26 日气温
与相对湿度

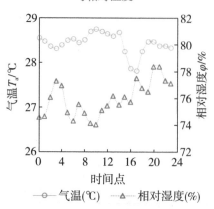

图 2-11　2012 年 8 月 27 日气温
与相对湿度

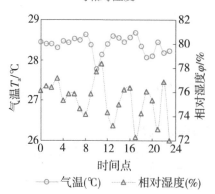

图 2-12　2012 年 8 月 28 日气温
与相对湿度

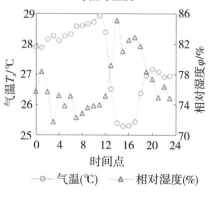

图 2-13　2012 年 8 月 29 日气温
与相对湿度

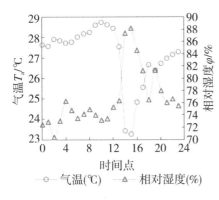

图 2 – 14　2012 年 8 月 30 日气温
与相对湿度

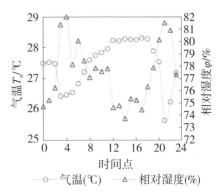

图 2 – 15　2012 年 8 月 31 日气温
与相对湿度

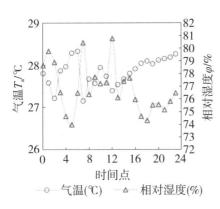

图 2 – 16　2012 年 9 月 1 日气温
与相对湿度

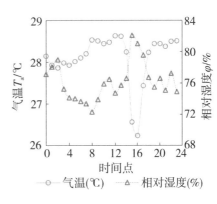

图 2 – 17　2012 年 9 月 2 日气温
与相对湿度

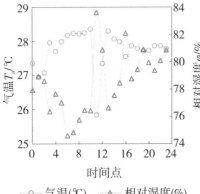

图 2 – 18　2012 年 9 月 3 日气温
与相对湿度

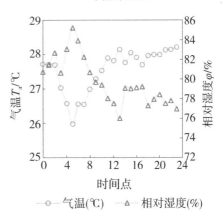

图 2 – 19　2012 年 9 月 4 日气温
与相对湿度

含盐条件建筑材料热工性能

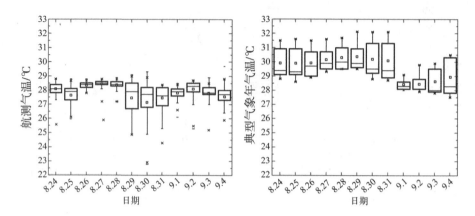

图 2 – 20　2012 年南海航测气温与典型年(JGJ/T 346—2014)同期对比

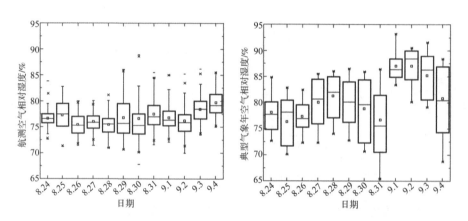

图 2 – 21　2012 年南海航测相对湿度与典型年(JGJ/T 346—2014)同期对比

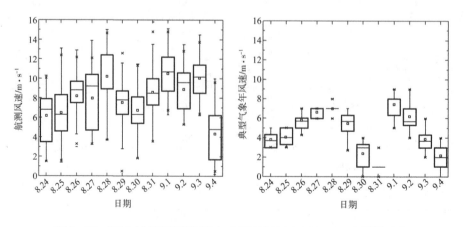

图 2 – 22　2012 年南海航测风速与典型年(JGJ/T 346—2014)同期对比

以典型气象日方法考查 12 天实测中"代表日"与典型年中对应日期气象参数差异来侧面评价两套数据差异。具体表现为：基于 12 天各气象参数的逐时平均值，考查每日相对差异数，继而求加权和（设加权系数均等），得到 12 天内最接近平均情况的前三排名分别为 9 月 3 日、8 月 31 日及 9 月 2 日。选取相对平稳的 9 月 3 日，对比典型气象年中 9 月 3 日情况，如图 2-23 所示，可见，气温方面，实测数据日较差比标准数据低；相对湿度方面，10 时两组数据走势较为接近；风速方面，实测值高于标准值。气温、相对湿度和风速在正午存在明显的联动关系，符合降雨特征。若同时存在多云阴天情况，则该日昼间气温不高亦属正常。

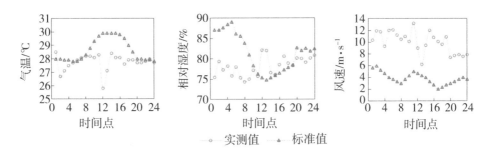

图 2-23　9 月 3 日实测值和标准值中气温、相对湿度和风速的比较

（4）南沙群岛降雨

按照《海南省志》记载，南沙海域的降水多集中于 6—12 月，主要由热带气旋和西南季风造成，雨量充沛，年平均降雨量约 2000 mm，自北向南递增[13]。各月降雨频率如表 2-2 所示。

表 2-2　南沙海域各月降雨频率

月份	1	2	3	4	5	6	7	8	9	10	11	12	全年
频率/%	7.2	4.0	2.6	2.6	6.8	6.5	7.0	7.2	10.2	8.8	9.5	9.5	6.8

来源：http：//www. hnszw. org. cn/xiangqing. php？ID=43641

由于南沙群岛实测数据与永暑礁典型气象年数据中均无降雨量内容，但热带海岛"夏季"多雨，因此本研究试图通过气温及相对湿度走势对可能存在的降雨进行推测，以此作为研究参考。此分析基于日平均气温及相对湿度进行，但大气含湿量同时受海洋蒸发量影响，因此分析结果存在一定误差。

一般而言，若近地表大气绝对含湿量处于较为稳定状态，则气温与相对湿度走势大致呈相反关系。此规律与图2-24所示情况大致相符。利用气温和相对湿度关系计算出水蒸气分压力，如图2-25所示，则发现大气绝对含湿量存在较大波动，主要在第7天附近相对干燥。若据此推测，则可认为第6、7天降雨减少或无降雨。因此第1、3、4、5、8、9、10、11、12天较为可能存在降雨。

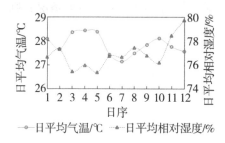 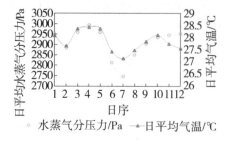

图2-24　气温与相对湿度　　　　图2-25　日平均气温与空气水蒸气分压力

另一方面，若根据自降雨时"气温骤降且相对湿度骤升"的特点，对可能降雨时段和降雨时长进行推断，则可得到表2-3所示的结果[26]。对比前文分析，第1、3、4、5、8、9、12天情况相符，如图2-26及图2-27所示。

综上所析，12天测试内，有7天存在降雨可能。此种特点在后文西沙群岛降雨量统计中同样存在。

表2-3　南沙群岛附近12天气象情况及降雨推测

	日期	最低/最高/平均气温（℃）	相对湿度（%）	可能降雨时段（时）	时长（h）
1	8月24日	27.68/28.7/28.09	76.67	14—17/20—21	4
2	8月25日	26.51/28.37/27.67	77.31	3—4/10—11/14—15	3
3	8月26日	27.97/28.7/28.36	75.46	0—1/3—5	3
4	8月27日	28.31/28.75/28.43	75.98	1—3	2
5	8月28日	28.07/28.68/28.28	75.38	8—10/17—19	4
6	8月29日	26.92/28.93/27.43	76.76	11—14	3
7	8月30日	26.38/28.73/27.13	76.65	13—14	1
8	8月31日	25.63/28.32/27.48	77.45	2—3/20—21	2

续表 2 - 3

	日期	最低/最高/平均气温（℃）	相对湿度（%）	可能降雨时段（时）	时长（h）
9	9月1日	27.22/27.95/27.84	76.80	6—7/11—12	2
10	9月2日	27.86/28.63/28.10	76.20	14—15	1
11	9月3日	26.95/28.35/27.75	78.45	10—11	1
12	9月4日	25.98/28.15/27.56	79.74	3—5	2

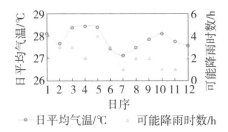

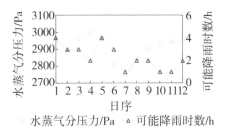

图 2 - 26　可能降雨时数与日平均气温　　图 2 - 27　可能降雨时数与日均水蒸气分压力

　　综上所述，南沙群岛具有常年强太阳辐射、高温、高湿及强风等特点。其气温与相对湿度年较差、日较差均较小，热湿气候相比温带热湿地区如广州更为极端。尽管缺乏实际降雨数据，但推测降雨时数得到大气各指标变迁关系的侧面证明，进而可以较为准确分析出当地降雨频繁的特点。

三、 西沙永兴岛

（1）西沙群岛气象数据来源

　　西沙群岛气象数据包括：①永兴岛 2012 年 8 月至 2013 年 7 月为期一年的气象数据源于"南海海洋科学数据库"的"西沙岛上气象观测数据集"，为西沙群岛永兴岛上西沙深海海洋环境观测研究站之自动气象站观测数据，测点位置位于北纬 16°49.887′，东经 112°20.071′，高度 10 m，数据内容包括 1 分风速、1 分风向、3 秒风速、3 秒风向、气温、相对湿度、气压、降雨量、降雨时长、降雨强度；②《建筑节能气象参数标准（JGJ/T 346—2014）》中所提供的西沙群岛典型气象年数据。

（2）西沙群岛气候特征

从两套数据统计可见，西沙群岛长年高温高湿、大风多雨、太阳辐射强烈，极端热湿气候特征显著。具体而言，西沙群岛空气湿度大，全年各月相对湿度均在75%～80%范围浮动，如图2-28所示；其实测数据相比典型气象年数据分布相对集中，水蒸气分压力在2200～3400 Pa浮动，如图2-33所示。

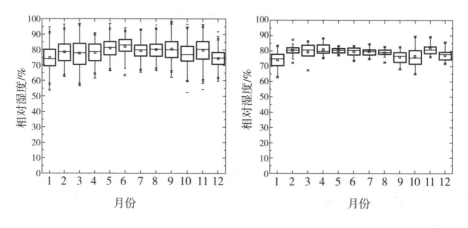

图2-28　西沙群岛各月相对湿度分布(左：典型年，右：2012—2013年)

西沙群岛风速高且持续，全年各月平均风速均在4～6 m/s范围浮动，各月的风速分布较为均匀，如图2-29所示；其中典型年的数据中6—8月份风速较高，而实测数据中12月至次年1月风速略高。西沙群岛全年高气温，典型年的数据中最热月为7月，而2012—2013年实测中5月气温最高，如图2-30所示；相比典型年，实测结果中各月气温集中分布于高温范围。西沙群岛太阳辐射强烈，典型年正午总辐射强度在430～650 W/m² 范围浮动，如图2-31所示。但根据2016年8月20日本课题组李琼博士等学者在西沙实测结果，如图2-32所示，该日正午水平面总辐射达到了966 W/m²，超出典型年较多。相比之下，永暑礁辐射水平月平均值在780～920 W/m² 范围浮动，亦高于西沙群岛。此外，西沙群岛实测中测得的气温极高值为"鸭公岛"午后35～36℃持续高温数值。

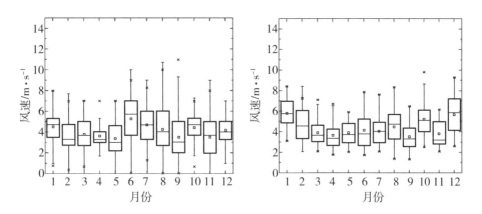

图 2-29　西沙群岛各月风速分布(左：典型年，右：2012—2013 年)

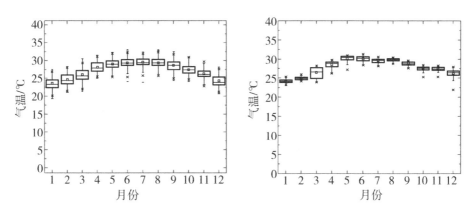

图 2-30　西沙群岛各月气温分布(左：典型年，右：2012—2013 年)

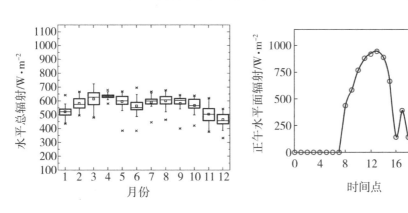

图 2-31　西沙群岛典型年各月　　　图 2-32　永兴岛 2016 年 8 月 20 日
　　　　　正午总辐射分布　　　　　　　　　　　水平面总辐射

西沙群岛全年降雨频繁，各月降雨量较为均匀，降雨集中在6—9月，10—12月降雨量居中，1—5月降雨量最小，如图2-34所示。

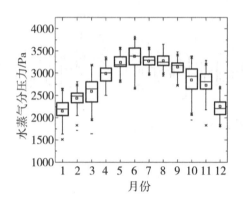

图2-33　西沙群岛典型年各月水蒸气分压力分布

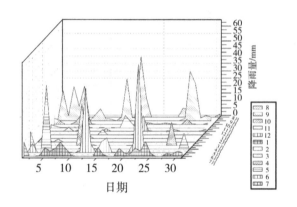

图2-34　西沙群岛2012年8月—2013年7月各月日累计降雨量

综上所述，极端热湿气候环境具有长年高温高湿、强太阳辐射、风大雨多等特点。南沙群岛全年正午水平面总辐射在700～1050 W/m² 范围波动，各月平均值为780～920 W/m²。南海岛礁太阳能资源丰富，1998—2000年平均总辐射达6763.7 MJ/(m²·a)，达到资源丰富Ⅰ区水平[27]。全年日平均气温在19～33 ℃范围波动，各月平均值为22.5～29 ℃。全年日平均水蒸气分压力波动范围为1400～3750 Pa，各月平均值为2000～3300 Pa。全年日平均相对湿度为55%～98%，各月平均值为75%～85%。日平均风速最高可达13m/s，各月平均值为2～5m/s。

西沙群岛全年各日平均气温在 20 ～ 32 ℃，各月平均值约为 24 ～ 30 ℃。日平均气温 ≥25 ℃ 的日数为 307 日。全年各日平均相对湿度为 60% ～ 97%，各月平均值为 75% ～ 83%。日均风速最大 10 m/s，平均值为 4 ～ 6 m/s。全年各日正午水平面总辐射波动范围为 380 ～ 720 W/m²，各月平均值波动范围为 430 ～ 650 W/m²。相比《民用建筑热工设计规范（GB 50176—2016）》中 3.1.1 条关于"建筑热工设计分区"中对"夏热冬暖地区"的描述："最冷月平均温度 >10 ℃，最热月平均温度 25 ～ 29 ℃，日平均温度 ≥25℃ 天数为 100 ～ 200 天。"西沙群岛最冷月平均温度已接近夏热冬暖地区最热月平均温度下限值，最热月平均温度超过夏热冬暖地区相应上限值，其日平均温度 ≥25℃ 日数远超夏热冬暖地区，同时常年保持高相对湿度环境。

上述各项实测数据与《建筑节能气象参数标准（JGJ/T 346—2014）》中提供的典型气象年数据存在一定差异，如南沙永暑礁的"2012 年夏季南海海洋断面科学考察"数据具有昼间气温偏低、夜间相对湿度偏高及风速偏高的特点。

四、　季节划分

对极端热湿气候进行季节划分，一方面是为了给稳态风洞实验气象参数取值提供依据；另一方面，由于极端热湿气候气温长年高于内陆，按照"候平均气温 <10℃ 为冬，>22℃ 为夏，其间为春秋"的划分方法易得出极端热湿气候地区"全年皆夏"的结论[28]。显然上述笼统的描述难以为当地气候变迁提供详细依据。陈上及针对南海季节特征、季风与台风对水文季节结构影响和常夏海区气候特征区域差异问题进行的探索开创了季节划分先例[14]。

据陈上及论述，南海海洋水文季节变迁与季风、热带气旋的变化紧密相关，他所提出的"孟夏、仲夏、盛夏及晚夏"四季亦是根据季风盛衰的标志日期、台风分布频率特征来确定的[14]。此种划分方法与张宝堃曾提出的按 73 个"候平均气温"规划各季始终[18]，缪启龙等改进的根据 72 个候平均气温进行划分的方法存在共通之处[28]。

具体而言，陈上及根据季风指数、强度分布、热带气旋频数统计区分海区季节结构，水温、气温变化与冬、夏季风变化一一对应，其中水温变化迟于气温变化，但不会迟于 5 天。依据上述分析，将全年划分为：孟夏，10 月初至 11 月初起至翌年 3 月中旬至 4 月中旬，气温处于全年最低；仲夏，3 月上旬至 4 月下旬，为气温升温时期；盛夏，5 月上旬至 9 月下旬，为高温鼎盛期，南海南部该阶段历时可达 7 个月；晚夏，南海北部始于 10 月中旬，南部始于 12 月[14]。有些研究员从海洋角度提出了划分方法，但这些划分方法仍存在缺乏对气候的描述及起始时间不明确等不足。而借鉴该方法以旬平均气温进行统计，对极端热湿气候季节进行划分则较为可行。

依据《建筑节能气象参数标准（JGJ/T 346—2014）》中西沙永兴岛和南沙永暑礁的典型气象年数据，将全年逐旬平均气温进行统计后，可得图 2-35。如图所示，位于南海南部的南沙群岛永暑礁典型年内旬平均温度最低为 1 月下旬 21.9℃，最高为 5 月下旬和 6 月下旬的 30℃；位于北部的西沙群岛永兴岛最低为 1 月上旬 23.4℃，最高为 7 月下旬 30.0℃。从两岛旬平均温度曲线走势可看出，除永暑礁 1 月—2 月温度波动较大外，两组数据差别不大。

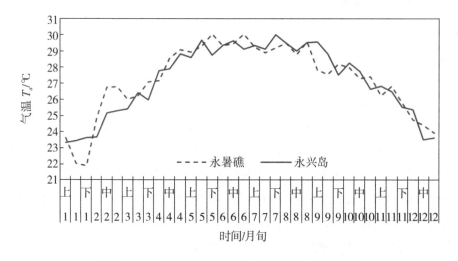

图 2-35　永暑礁及永兴岛典型年旬平均气温变化

按陈上及划分法，"孟夏"起始点为 10 月上旬，平均气温为永暑礁 28.0℃、永兴岛 28.3℃；或为 11 月上旬，平均气温为永暑礁 26.2℃、永兴岛 26.8℃。结束点为 3 月中旬，平均气温为永暑礁 26.2℃、永兴岛 26.4℃；或为 4 月中旬，平均气温为永暑礁 28.6℃、永兴岛 27.9℃。"仲夏"为气温上升阶段，起始点为 3 月上旬，平均温度为永暑礁 26.0℃、永兴岛 25.4℃；结束点为 4 月下旬，平均温度为永暑礁 29.1℃、永兴岛 28.8℃。"盛夏"起始点为

5月上旬，平均气温为永暑礁28.9℃、永兴岛28.6℃；结束点为9月下旬，平均气温为永暑礁28.2℃、永兴岛27.5℃。"晚夏"起始点为10月中旬，平均温度为永暑礁27.3℃、永兴岛27.8℃；结束点为12月上旬，平均气温为永暑礁24.7℃、永兴岛25.4℃。

显然各季起始点存在交错或脱节情况，如仲夏几乎被孟夏所囊括。因此，需要根据具体温度变化进行划分。盛夏相当于内陆的夏季，作为全年温度最高的季节，自5月上旬起到9月下旬结束，气温在28℃左右，因此以28℃作为盛夏划分的标准较为合宜。进而，可首先划定盛夏由4月上旬（永暑礁）或4月下旬（永兴岛）开始，至10月上旬结束，历时约6个月，与陈上及所述基本相符。孟夏相当于内陆的冬季，处于全年最低温阶段，10月上旬气温显然依旧较高，因此11月上旬26℃左右气温作为孟夏的划分标准则较为合适，至翌年3月中旬气温同样回升至26℃左右，相比之下4月份气温已显著走高。因此可将26℃作为孟夏（冬季）的划分限值，即孟夏为11月下旬至翌年3月上旬。因此，仲夏（春季）为3月中旬至3月下旬（永暑礁）或4月中旬（永兴岛）；晚夏（秋季）为10月中旬至11月中旬。综上可得各季气象参数变化情况，以永暑礁为例，如下表2－4所示。

表2－4　永暑礁各季气象参数平均值

	气温/℃	相对湿度/%	风速/m·s^{-1}	水平总辐射/W·m^{-2}
仲夏（春）	26.7	79.3	3.6	856.4
盛夏（夏）	28.9	78.7	3.8	866.5
晚夏（秋）	27.0	81.5	4.2	815.2
孟夏（冬）	24.6	77.9	4.0	810.9

注：水平总辐射为每日12时数值的平均值。

五、　含盐湿空气和海水

（1）含盐湿空气

南海大气含盐质量浓度高，随季节及风速变化，约为53～6200 μg/m³。南海地区相对湿度超过80%则易成雾[29]。2010年测试湛江东海岛海雾中粒子平均浓度Cl$^-$为11 709 μeq/L，Na$^+$为11 666 μeq/L[30][31]。1996年，吴兑等发现我国南海永兴岛近地表空气海盐粒子含量在 $50 \sim 105.4\,\mu g/m^3$ 之间变化[24]。1993 年，巫铭礼在文章中提到，在我国十几个沿海城市距海 2 km 处的空气盐雾中盐含量的测定中，氯化钠含量平均可达 $711\,\mu g/m^3$，但具体城市并不明确，还提到南海海面某测点无风时大气氯化钠含量为 $1000 \sim 1650\,\mu g/m^3$，$1 \sim 3$ 级风力时含量可达 $6200\,\mu g/m^3$[32]。1996 年对西沙群岛大气中海盐粒子的研究中，东北季风时期空气平均含盐量达到 $105.4\,\mu g/m^3$，西南季风时仅有东北季风时一半左右[24]。其中粒子直径主要在 $2 \sim 4\,\mu m$ 范围，少量粒子直径在 $4 \sim 57\,\mu m$ 间。海盐粒子主要分布于近海面高度，且 8 时出现极大值，2 时出现极小值。实验证实，在紧贴海面数米范围内存在巨盐核（直径 $\geqslant 2\,\mu m$）浓度极高的薄层。大气中海盐含量由沿海向内陆不断减少，从距海岸线 2 km 含量为 $0.711\,mg/m^3$，变为距岸 50 km 含量减少至 $0.017\,mg/m^3$[32]。1987 年吴兑等对广州地区盛夏期空气海盐开展的研究显示，广州巨粒子数量仅有西沙的 5%，空气盐浓度仅为西沙的 1.5%[33]。

（2）南海的海水盐度

从华南理工大学李琼博士等学者于 2016 年 8 月 20—21 日在西沙群岛对海水采样测试的结果中显示，全富岛海水盐度平均约 3.18%，鸭公岛平均约 3.29%，银屿岛平均约 3.37%。测试仪器为我国台湾 AZ 衡欣科技生产的 8371 型盐度计，针对氯化钠的量程为两段，$0.00 \sim 10.00\,ppt$ 或 $10.1 \sim 70.0\,ppt$，每段量程精确度分别为 $0.11\,ppt$ 和 $1.3\,ppt$。

第二节　含盐热湿气候环境的复现

一、　极端热湿地区的含盐湿空气氛围

南海地区湿空气具有高盐特点，但目前尚无考虑含盐湿空气的蒸发研究，更无浓度稳定可控的含盐湿空气氛围实验技术。此外，在动态热湿气候风洞

中复现极端热湿气象工况，需将风洞控制水平推升至极端工况。因此，在极端工况中，复现浓度可控的含盐湿空气氛围是技术开发的重点。

南海地区空气长年高湿，由破碎海浪抛洒入空中的海水液滴与湿空气结合，形成海岛环境下特有的高含盐湿空气。每年大约有 3300 Tg 海盐气溶胶进入大气边界层[34]。海浪中的大部分大尺寸液滴经沉降回到海水或地面，部分微液滴散逸至空气中以含盐湿空气形式存在，成为海洋大气中的主要颗粒物。针对我国青岛的研究中发现，大气气溶胶中海盐年均质量浓度贡献率为 6.3%～9.7%[35]。多年来对海洋大气的研究显示，以气溶胶、干燥海盐颗粒、海雾等形式存在的盐分普遍存在于海洋环境中。因此，身处其中的建筑及设备长年面临着盐分侵蚀。

盐分影响湿空气的热湿物性。海盐粒子的吸湿性使其易成为海洋大气边界层的重要云凝结核。因此高湿度下水蒸气受盐分吸引更易成云降雨，但含盐量的变化并不改变空气的绝对含水量[36]。含盐液滴在空气中处于吸湿与蒸发的动态平衡状态[37]。实验中观测到，空气盐分浓度越高，则雾气越浓。盐分的吸水性使雾滴粒径增大，影响能见度，空气盐质量浓度 22 mg/m³ 与 6 mg/m³ 在相同相对湿度 79% 情况下能见度对比如图 2－36 所示。

图 2－36　79%相对湿度下空气盐浓度 22 mg/m³（左）与 6 mg/m³（右）工况对比

在相同温度下氯化钠饱和溶液的水蒸气分压力略小于水面的水蒸气分压力，且随浓度和温度发生变化[38]。这意味着相同温度的含盐湿空气的水蒸气分压力也会比不含盐湿空气略低。此外，空气污染可能影响含盐湿空气成分。过量的氯化钠溶解于湿空气中可能形成氯化氢气体，受其他酸类影响可能造成氯元素的耗损，湿空气成分发生改变，进而使 Cl⁻/Na⁺ 值低于海水中对应值[34, 39]。

二、 含盐湿空气的生成与采集方法

由于在当前的蒸发研究中，一般认为空气侧仅为普通水蒸气，因而针对含盐湿空气对多孔材料蒸发的影响所开展的相关研究寥寥无几。

含盐湿空气的生成主要考虑采用超声雾化方法。盐溶液雾化方法常见于盐雾试验和医疗[40]。雾化液浓度可根据需要选择。盐雾试验采用 4.8% 浓度氯化钠溶液做为雾化液[41, 42]；医疗采用 0.9% ~ 1.8% 浓度氯化钠溶液进行雾化[43]。超声雾化属于物理过程，不影响液体温度、浓度等性质。常温（<90℃）高湿空气中悬浮的含盐微液滴不会发生显著蒸发，处于较稳定含盐湿空气状态[44, 45]。

对含盐湿空气氛围的控制首先需要进行采集。超声雾化制备的液滴直径稳定于 2 ~ 4 μm[46]。大粒径可能分布于 4 ~ 100 μm。大气总悬浮颗粒物采样方法可对微米级颗粒物进行采样。海洋气溶胶采样可通过撞击式采样器采集[35]。玻璃纤维、石英及聚四氟乙烯等滤膜可对湿空气进行采集，如 1996 年 NASA、科罗拉多大学和哈佛大学联合研制的装置，如图 2-37 所示[47]，此装置性能在 2010 年南海海雾采集中得到验证[30]。

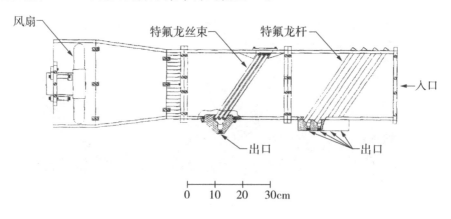

图 2-37　CASCC 装置[47]

可采用称重法或离子色谱法对滤膜法采样的大气样本成分进行检测。离子色谱法可辨析物质成分及含量[35]，广泛应用于液态阴离子[48]、氯化氢气体等气体辨析[49]。此法缺陷在于检测时间较长、需要专门仪器、成本较高等。相比之下，称重法操作简单，便于大量样本的采样分析。若已知空气中颗粒物成分，使用称重法则迅速简便。在本研究中，通过空白对照分析和单因子实验，可计算风洞中空气氯化钠含量。

三、　实验方法

（1）含盐湿空气氛围营造

采用超声雾化器对一定浓度的氯化钠溶液进行雾化，生成含盐湿空气。使用大气采样仪采样对空气含盐浓度进行检测监控。雾化器产雾量为 0.045 ～ 0.135 g/s，供盐速率取决于雾化液浓度和雾化量。

用于复现热湿地区气象环境的低速直流风洞长 9.0 m，截面尺寸为 1.0 m（宽）×0.6 m（高），如图 2-38 所示。风洞室总容积约为 120 m³。它能动态精确控制短波辐射、风速、空气温度和空气相对湿度。空气温度由空调和电热风扇调控，控制范围 15 ～ 40（±0.5）℃。空气湿度由加湿器和除湿机调控，相对湿度控制范围 40 ～ 95（±4）%。风洞采用短波辐射模拟太阳辐射。由八盏红外辐射灯作为辐射光源，辐射波长 300 ～ 3000 nm，照度调控范围 0 ～ 1030（±6）W/m²。洞体内表面由抛光铝板覆盖，发射率接近于 0，可忽略洞壁对试件的长波辐射。由一台轴流风机生成气流，风速调控范围 0 ～ 6（±0.2）m/s。上述所有环境参数均由设置于实验段中央的传感器测量，测得的数据通过闭环自动控制平台耦合所有设备，由计算机控制。该风洞实验台在热湿气候环境蒸发测试中证实了其可靠性[50]。为满足含盐湿空气氛围的控制，在入口段之前设置超声雾化器，并在出口段之后设置大气采样仪。

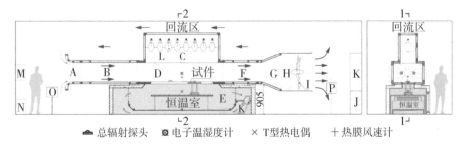

图 2-38　含盐湿空气热湿风洞结构示意图（左：1—1 剖面；右：2—2 剖面）

A：入口段；B：稳定段；C：辐射区；D：实验段；E：恒温室；F：流出段；G：扩散段；H：风机段；I：风机；J：除湿机；K：空调器；L：红外灯；M：加湿器；N：加热器；O：雾化器；P：大气采样仪

由于空气采样及检测属离线检测，无法反映实时湿空气盐浓度。为形成稳定、符合南海实际的含盐湿空气氛围，需先对"供盐速率－风洞空气盐浓度"关系进行预标定。具体方法为：在设定工况下，采用超声雾化器持续对实验段给雾；在实验段后端定时对空气进行采样，通过测定样品中氯化钠含量，绘制出该工况下实验段内氯化钠浓度变化曲线，以确定雾化液配置浓度及雾化器功率控制策略。

雾化液浓度影响向空气供盐的速率。医疗常用 0.9% 浓度的生理盐水作为雾化溶剂，也有研究案例采用 0.45% 及 1.8% 等浓度的氯化钠溶液[43, 51]。因此，可认为超声雾化器对不同浓度氯化钠溶液雾化存在可行性。雾化速率随载气流量和雾化功率的增加而提高，而管路输运损失随载气流量的增加而减小。相关研究显示，当载气流量达到 800cm^3/min 时，管路输运损失降至最低[46]。本研究中风洞风速较大，有利于提高雾化功率和减少管路损失。受溶液表面张力和离子影响，含盐雾化速率可能小于纯水的雾化速率[46]。综上所述，本研究针对风洞实验台对雾化手段进行标定，获取含盐湿空气浓度控制曲线。这样，一方面使稳定期湿空气含盐浓度迅速达到所需水平，另一方面使实验中室内空气盐浓度保持稳定。

（2）风洞空气基底检测

风洞空气基底指不开启盐溶液雾化装置时洞内的空气成分，是含盐湿空气测试的空白对照组。本研究采用"崂应"2030 型中流量智能 TSP 采样器对风洞内空气进行采样。采样采用 TSP 采样头，安装玻璃纤维滤膜，滤膜有效直径 80 mm。采样流量 100 L/min，采样时间 1 小时。测试工况为两组，分别为气温 26℃、相对湿度 50%，以及气温 31℃、相对湿度 79%，风速均为 3 m/s。空气滤膜在采样前后经烘干处理，经岛津（Shimadzu）分析天平称重，分度值 0.1 mg。经检定，大气采样样本共 4 件，采样前后无质量变化，说明风洞内基底空气洁净，无明显悬浮颗粒物。

（3）稳态气象环境中含盐湿空气复现

为令湿空气盐浓度达到设定值，需对雾化液浓度、雾化速率进行标定。主要方法为采用不同浓度雾化液以不同雾化速率供应含盐湿空气，以获得风洞内湿空气盐浓度增长曲线。超声雾化器雾化液体速率范围为 45 ~ 135 mg/s。雾化器运行前 1 小时左右，风洞内盐分浓度逐步上升，后上升速率减缓。雾化液浓度≤3.5% 时，依所需空气浓度取值。经实测，洞内空气盐浓度最高可达 90 mg/m³，满足含盐湿空气实验要求。在不同雾化速率下，受洞内沉降量、吸附量及空调、除湿机除湿量影响，洞内空气盐浓度上升速度将由快变慢，后趋于稳定。停止雾化后，盐分浓度将迅速下跌。本研究在气温 29℃、相对湿度 79%、风速 3 m/s 的环境下对雾化速率进行标定。开启雾化器后，以大气采样仪对每小时空气进行采样，并利用称重法计算空气盐浓度。浓度达到设定值后，关闭雾化器，并计算空气盐浓度下降的速率。雾化器中雾化液受自身水分蒸发影响，浓度轻微上升，3 小时浓度上升小于 0.5%，对供盐速率影响甚微。

（4）动态气象环境中含盐湿空气复现

动态气象环境中，空调、除湿机负荷不断变化，造成湿空气盐分损耗速率波动，因而需要不断调整超声雾化器的产雾量。大气采样仪需连续进行采样，每小时更换滤膜。采样后滤膜在 105℃ ±0.5℃ 鼓风干燥箱中烘干 0.5 小时，称重计算样本含盐量。所得数据比照目标值后，对超声雾化器进行反馈调节。相似工况多次运行后，可根据经验适当进行预调节；连续采样检定同时进行，以使控制值尽量接近目标值。动态气象参数设定如图 2-39 所示。

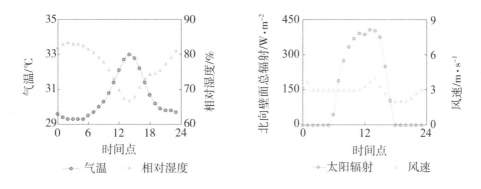

图 2-39 复现含盐湿空气实验气象参数

气象参数来源于《建筑节能气象参数标准（JGJ/T 346—2014）》中所记载的永暑礁典型气象年中盛夏最热日（8 月 3 日）数据。该日太阳直射点位于赤道以北，在北纬 16°左右位置，由于永暑礁位于北纬 9.23°，接近赤道，因而太阳辐射按北面墙计算，北面为日照最大朝向。相对大气光学质量按蒋龙海等方法取值[52]。依据蒸发实验设定，工况起始时刻为 6:00、12:00、18:00；雾化提前 1 小时起始，时刻对应为 5:00、11:00、17:00。

四、 复现结果

（1）稳态气象环境中含盐湿空气的质量浓度增长

稳态气象环境中，以稳定供盐速率复现含盐湿空气质量浓度增长曲线，如图 2-40 所示。2.5 g/h 工况于 3 小时后关闭供盐，故出现质量浓度下跌情况。

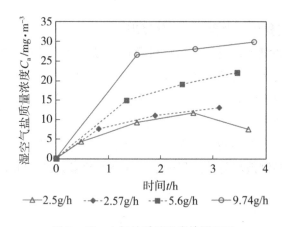

图 2-40　空气盐质量浓度检测记录

（2）动态环境中稳定质量浓度含盐湿空气的控制

动态气象环境下含盐湿空气质量浓度复现结果如图 2-41 所示。开启雾化后，含盐湿空气质量浓度围绕目标值 6 mg/m³ 上下波动。

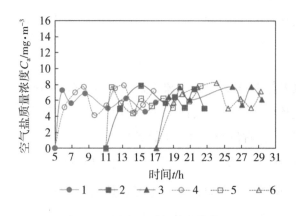

图 2-41　空气盐质量浓度检测记录

五、 分析与讨论

（1）稳态气象环境中含盐湿空气质量浓度增长回归

定流量雾化时，风洞内空气盐质量浓度需经历一个迅速上升过程，达到一定质量浓度后增速减缓。供盐速率越高，风洞内盐分质量浓度上升速率越大，洞内空气盐分稳定质量浓度越高，增速减缓则转折点到来越晚。这说明在一定供盐速率下，空气中盐分的损耗存在平衡点。在该点下，含盐湿空气的供应与沉降、吸附、冷凝等消耗趋于平衡。这与实验房、洞体、设备的壁面温度，空调及除湿机的除湿能力等复杂因素相关。对室内质量浓度随时间变化曲线进行非线性拟合，结果如图 2 - 42 所示。

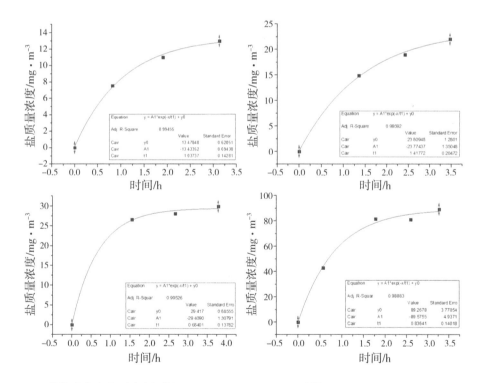

供盐速率由左至右（上排）：2.75 g/h、5.6 g/h，（下排）：9.74 g/h、24.13 g/h

图 2 - 42　空气盐质量浓度（C_{air}）随时间变化拟合

对上述回归式系数再次进行回归可得系数计算方法,如图 2 - 43 所示。由于 24.13 g/h 供盐速率所形成的空气含盐浓度过高,与南海实际差距大,回归效果差,因此仅考虑 2.5 ~ 9.74 g/h 供盐速率情况。则风洞内空气盐质量浓度变化可表示为

$$C_a = 32.94737 - 36.44385 e^{(-q_m/4.05703)} - \left[32.94737 - 36.44385 e^{(-q_m/4.05703)} \right] e^{(-t)}$$

$$(2 - 1)$$

其中,C_a 为空气盐质量浓度(mg/m^3);q_m 为供盐速率(g/h);t 为时间(h)。

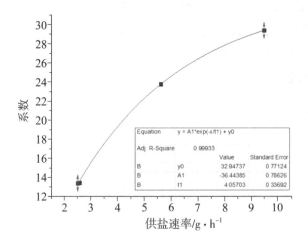

图 2 - 43　计算式系数回归

上述计算式验算结果如图 2 - 44 所示,结果良好。空气盐质量浓度为 11g/m³,停止供盐后,风洞内空气盐质量浓度降幅与时间关系为

$$\Delta C_a = -4.0095t \qquad (2 - 2)$$

结合本研究所需的含盐湿空气质量浓度,可采用 0.9% 浓度氯化钠溶液为雾化液,以 0.045 g/s 雾化速率工作 40 min,后降低雾化速率为 0.02 g/s 并持续工作,可形成 6 mg/m³ 质量浓度含盐湿空气环境。

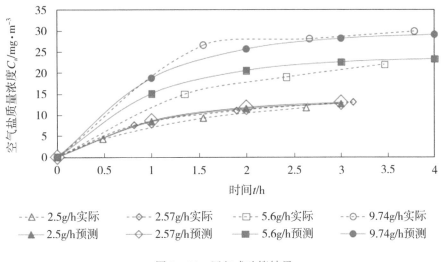

图 2-44 回归式验算结果

（2）动态环境中稳定浓度含盐湿空气的控制

动态气象环境中，由于空调、除湿机等工况不断调整改变，在多种复杂因素共同作用下，盐分增长和损失变得不规律。为满足目标值所需浓度，实验中采取了不断调整雾化器的操作。结果显示，盐分质量浓度波动控制在 ± 2 mg/m³ 范围内。波动相对较大是受离线检测反馈时间延迟影响，控制效率受限。而在线检测技术虽能稍微缩短上述时间延迟，但价格高昂以至难以实际应用。因此，研究尽可能在相同动态工况中积累调整经验，尽可能逼近目标值。

本研究通过对极端热湿气候区气象参数的调查研究，总结了极端热湿气候环境的特点。对常夏气候的季节差异进行了划分，总结了各季平均气象参数水平。基于长年湿热、年较差小的特点，选取了典型气象年中最热日作为动态环境风洞实验的设定参数。针对极端热湿气候环境中含盐湿空气氛围特点，在动态热湿气候风洞中开发了含盐湿空气复现技术，实现了稳态气象环境中 $0 \sim 22$ mg/m³ 含盐湿空气实验氛围和在动态气象环境中 6 mg/m³ 左右含盐湿空气实验氛围。

第三章

含盐条件下
多孔材料蒸发降温效果

第一节　研究对象及方法

一、陶质多孔材料

陶质多孔材料是由黏土、长石和石英经成形、烧结而成的高吸水大孔材料[53]。陶质多孔材料取材方便、工艺简单，具有久远的应用历史。因其具有较好的可塑性，常用于制造墙面砖、地砖或陶器。它的高吸水特性使其可吸收降雨或人工淋水，实现被动蒸发降温，降温效益可达11℃，大大降低炎热环境中围护结构的外表面温度[54]。但在工程实际应用方面，陶质多孔材料耐污性能常受质疑。目前应用最多的陶土板材料不仅将吸水率控制在3%以下，更可以利用氟碳化合物处理外表面以提高耐污性。高吸水材料目前工程应用不多，常见于仿古景观建筑即沿海地区珊瑚石外墙饰面等。但在科学研究中，因其高吸水性，陶质多孔材料受到较多关注。本课题组2012年铺贴于广州某实验建筑南向墙面的陶质多孔材料饰面层，如图3-1所示，至今保持洁净，未见积尘、霉变或脱落现象，陶质多孔材料的自洁能力可见一斑。因此，排除备受质疑的耐污性的影响，陶质多孔材料在环境因素、含水率水平、水体成分等发生变化时蒸发降温特性的改变，成为本课题主要关心的问题。

图3-1　使用5年的陶质多孔材料外墙饰面层

陶质多孔材料被动蒸发降温技术具有应用的迫切性。低廉的造价、技术的易用性和材质的亲和力使其具有"实用、宜人、与环境和谐交融等复合的功能"[55]。随着空调设备技术的突飞猛进，围护结构朝着"隔离与控制"不断演进，一定程度上忽略了被动蒸发、遮阳、通风等传统热力学技巧，进而造成了高建筑能耗，以及建成环境的"垃圾化"[56]。此趋势愈演愈烈，据最新统计，全国建筑能耗在能源消费总量中占比在17%～21%之间[57]；日本则超过了30%[58]。因此，充分利用气候环境资源，采取低能耗技术手段，利用可再生能源的被动式节能技术，是生态和谐可持续发展的必由之路[59]。

陶质多孔材料贴附于建筑外墙外表面，吸收自然降雨或人工淋水等水分，通过间接蒸发降温实现对室内热环境的改善及建筑能耗的降低。建筑陶瓷按吸水率可分为高吸水（吸水率高于10%）的陶质砖、吸水率在6%～10%的炻质砖、吸水率在3%～6%的细炻砖、吸水率在0.5%～3%的炻瓷砖及吸水率低于0.5%的瓷质砖[53]。其中，陶质多孔材料因其较好的吸水性和保水性，相较其他陶瓷材料具有更大蒸发降温潜力，成为外墙实现蒸发降温效果的优先选择材料。因而，本研究的实验主要针对陶质多孔材料开展。本章研究选择两种陶质砖，分别命名为 N 试件与 A 试件。按德国劳尔色卡（RAL）辨色，它们分别为深铭灰和橘红色，为工程实际常用的色彩。此外两种材料具有差别较大的孔隙率，具有较好代表性。试件 N 及 A 的基本信息如表 3 - 1 所示，试件照片及扫描电镜照片分别如图 3 - 2 及图 3 - 4 所示。经压汞法测试获得的孔喉分布图分别如图 3 - 3 和图 3 - 5 所示。可见，两种材料的孔喉分布均主要集中在大孔区，因而应具有较好的气液迁移性能。

表 3 - 1　陶质砖试件基本物性

名称	颜色	尺寸(长×宽×厚 mm)	干密度(kg/m³)	孔隙率(%)
N	RAL7044 深铭灰	239×59×10	1796.64	35.39
A	RAL2001 橘红	237×53×11	2019.14	24.09

备注：颜色根据德国劳尔色卡（RAL）辨别材料颜色。

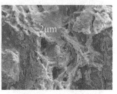

图 3 - 2　N 试件及电镜照片

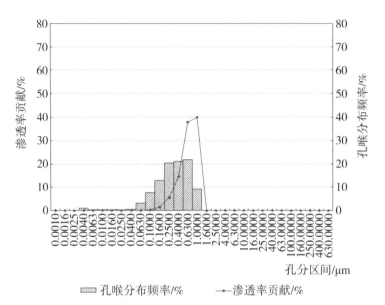

图 3 - 3 N 试件压汞法测试孔喉分布

图 3 - 4 A 试件及电镜照片

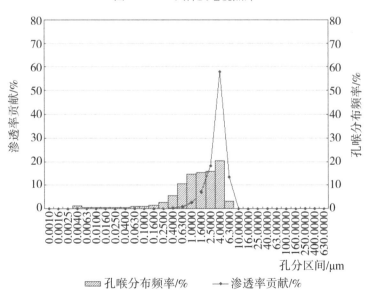

图 3 - 5 A 试件压汞法测试孔喉分布

二、 研究方法

（1）极端热湿气候环境风洞实验

如前文所述，基于动态热湿气候风洞（dynamic hot-humid climatic wind tunnel，DHWT）复现极端热湿气候环境（图3-6）。为测试陶质砖层蒸发特性，并满足多工况快速制备标准试件要求，自主制作标准实验装置。试件安装以A试件为例，方法如图3-7所示。实验装置由挤塑聚苯保温板制成。保温板围合出试件槽，槽底板厚20 mm，槽壁厚30 mm，以尽量保证热流垂直于试件的一维方向通过，减少与四壁方向的热交换。槽内紧密安装6块多孔烧结陶质砖（N试件尺寸较大，安装数量为5块）。试件经鼓风干燥箱105℃±1℃烘干至恒重后，于室温下降至温平衡。依据实验工况设定，浸泡于纯水或盐溶液中24小时。采用电热器加热浸泡液体，使其温度与其对应动态工况起始时刻气温水平相同，测试工具为酒精温度计。干试件与风洞同步平衡，试件温度与气温一致，试件温度由热电偶监控。试件槽安装于动态热湿气候风洞实验段内，上表面与实验段洞体底面齐平，四周与预留孔边沿相距5 mm±1 mm，以防止摩擦影响称重。试件槽下部安装于不锈钢支架上，不锈钢支架稳定放置于电子天平上。试件称重采用Shimadzu制造的UX4200H型电子天平，最大量程4.2 kg，分度值0.01 g。质量记录时间间隔为10秒。

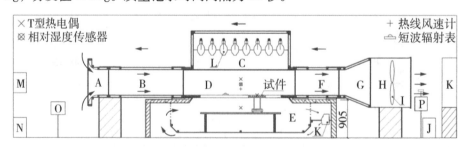

图3-6 极端热湿气候风洞示意图

A—入口段；B—稳定段；C—辐射区；D— 实验段；E— 恒温室；F— 流出段；

G—扩散段；H— 风机段；I— 风机；J— 除湿机；K— 空调器；L— 红外灯；M—加湿器；

N—加热器；O—雾化器；P—大气采样仪

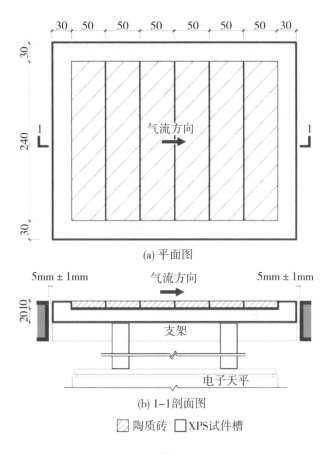

(a) 平面图

(b) 1-1剖面图

▨陶质砖 □XPS试件槽

图 3 – 7 试件安装方法

测试中发现,由于风洞内空气流动,造成洞体与空调小室间形成负压关系。在空气由小室经试件槽边缘被抽向洞体过程中,造成了类似浮力的现象,使天平读数降低发生质量折减。随着风速升高,天平读数降低幅度增大,并与试件质量无关。经对比分析,质量折减与缝隙尺寸和具体形态有一定联系,但机理较为复杂,本文暂不进行深入分析测试。然而,若采用稳态风速,尽管天平读数存在折减,但由于折减与试件质量无关,因此蒸发过程中失去水分造成的质量差不受影响。结合在测试开始及结束时于稳定环境下对试件的称重,即可计算出试件在测试中的实时质量。

(2)气象环境参数选定

为探索南海实际环境中陶质多孔材料蒸发特性规律,实施动态气象环境工况风洞实验。气象参数来源于《建筑节能气象参数标准(JGJ/T 346—2014)》中所记载永暑礁典型气象年中的盛夏最热日(8 月 3 日)数据,如图 3 - 8 所示。该日太阳直射点位于赤道以北,于北纬 16°左右位置,由于永暑礁位于北纬 9.23°,接近赤道,因而太阳辐射按北面墙计算,北面为日照最大朝向。相对大气光学质量按蒋龙海方法取值[52]。

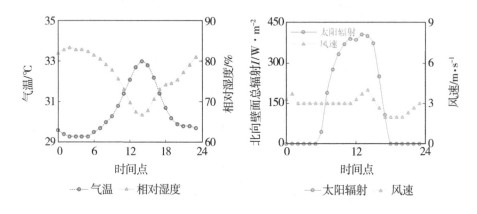

图 3 - 8 JGJ/T 346—2014 永暑礁典型年最热日气象参数

动态气象环境中,不同蒸发起始时刻意味着不同的蒸发失水曲线。为概括全天特征,减少实验次数,选取主要时间点作为蒸发起始时刻。选取的时刻分别为日出 6:00、正午 12:00 及日落 18:00。每个工况历时约 12 小时。当地在该日 6:00 日出,正午左右太阳辐射、气温均达到极高值,18:00 日落。

运行风洞时,先使风洞以手动模式运行,按起始时刻各项气象指标数值稳态运行,以达到初始稳定状态。该过程耗时 1~2 小时。同步开启含盐湿空气雾化器,并于雾化器开启半小时后开启大气采样仪。大气采样仪每个工作周期为 1 小时,测得的空气盐浓度水平为该小时内平均值。

(3)试件处理及蒸发率计算

试件经鼓风干燥箱烘干至恒重后,称取干重 m_{dry}(g);经蒸馏水预浸泡 24 小时,称取湿重 m_{wet}(g)。则材料含水量 m_w(g),及质量含水率 ω(%)分别为

$$m_w = m_{wet} - m_{dry} \qquad (3-1)$$

$$\omega = \frac{m_w}{m_{dry}} \times 100\% \qquad (3-2)$$

当材料采用盐溶液浸泡时，质量含水率仍计洁净干材料含水分比例

$$m_\mathrm{w} = m_\mathrm{wet} - m_\mathrm{dry} - m_\mathrm{salt} \qquad (3-3)$$

其中，$m_\mathrm{salt}(\mathrm{g})$ 为试件吸收盐溶液中所含盐质量，按溶液浓度计算得出；经盐溶液中吸水实验烘干验证，试件吸收盐溶液浓度不变。下文除特别说明外，含盐材料含水量均按此方法计算。

在同一起始蒸发时刻中所有试件将参与三种工况测试：

工况 1：试件预浸纯水，在普通湿空气中蒸发，简称"纯汽纯水"；

工况 2：试件预浸纯水，在 6 mg/m³ 含盐湿空气中蒸发，简称"盐汽纯水"；

工况 3：试件预浸 3.5% 浓度氯化钠溶液，在 6 mg/m³ 含盐湿空气中蒸发，简称"盐汽盐液"。

使用电子天平称重，通过计算时间步为 10 秒的试件质量差得到瞬时蒸发率。则第 i 次称重时刻瞬时蒸发率 $E_i(\mathrm{g \cdot m^{-2} \cdot s^{-1}})$ 为

$$E_i = \frac{m_{i-1} - m_i}{10 \times A} \qquad (3-4)$$

其中，$m_{i-1}(\mathrm{g})$ 为第 $i-1$ 次称重；$m_i(\mathrm{g})$ 为第 i 次称重；A 为试件上表面面积(m^2)。

由实验结束时试件质量 $m_\mathrm{end}(\mathrm{g})$ 可计算第 i 次称重时刻试件实时含水率，继而得到试件蒸发率随含水率变化曲线。

(4) 数据处理及蒸发率修正

以 Boltzmann 函数型曲线或 BiDoseResp 增长曲线拟合回归试件累积蒸发失水曲线。以自然常数为底的指数衰减函数拟合初期蒸发试件质量衰减曲线。对比浓度变化下初期蒸发率差异。对比与南海实际接近的含盐湿空气和普通湿空气中陶质砖蒸发率随时间变化关系，以非线性回归方法获取经验式。

(5) 蒸发降温效益

各组试件于内表面设置热电偶来记录试件温度。以干试件温度为基准计算湿试件蒸发降温效益 $\Delta T(\mathrm{℃})$

$$\Delta T = T_\mathrm{dry} - T_\mathrm{wet} \qquad (3-5)$$

其中，$T_\mathrm{dry}(\mathrm{℃})$ 为干试件温度；$T_\mathrm{wet}(\mathrm{℃})$ 为预浸纯水或盐溶液试件温度。

第二节　实验结果

一、累计蒸发量

两种材料(试件 N 和 A)三个不同起始蒸发时间(6 时、12 时、18 时)的三种工况取得的蒸发失水曲线汇总于图 3-9 中,说明如下:

(1)纵坐标:"累积蒸发失水量"为自蒸发起始逐时平均累积失去的纯水质量,包括浸泡纯水的 $M_w(g)$ 和浸泡盐溶液的 $M_{ws}(g)$;

(2)横坐标:为方便表达"历时",原点为"0 时刻",对应动态气象环境中 6 时整,则"6 时刻"对应 12 时整,"12 时刻"对应 18 时整;

(3)图例:命名规则以"N-1-6"为例,"N"为试件 N,"1"为工况 1,即纯汽纯水,"6"为 6 时起始蒸发,以此类推。

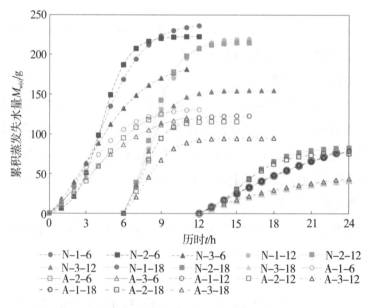

图 3-9　各工况试件累积蒸发失水量

由图直观可见，不同起始时刻对比，6时起始蒸发总失水最多，12时起始其次，18时起始最低，但6时起始蒸发速率明显低于12时起始的蒸发速率。不同工况对比，含盐湿空气对蒸发率存在一定影响，总体规律依此图难以归纳统一趋势，但可看出盐溶液令蒸发率和总失水量显著降低。

二、 蒸发率及含水率变化结果

（1）6时起始蒸发工况组

6时气温29.5℃，相对湿度81.5%，太阳辐射44.7 W/m²，风速3 m/s。随时间推移，气温和太阳辐射呈持续上升趋势。两者均于13—14时出现峰值。相对湿度随气温上升而下降，风速变化不大。A试件6时起始蒸发中，如图3−10所示，盐分对蒸发率峰值的削减作用明显。其中，纯汽纯水具有最高的蒸发率峰值，其次为盐汽纯水，最低为盐汽盐液，峰数值分别为0.08 g·m⁻²·s⁻¹、0.07 g·m⁻²·s⁻¹及0.06 g·m⁻²·s⁻¹。此外，纯汽纯水、盐汽纯水及盐汽盐液三种工况蒸发率峰值到来时间依次为9：00、10：00及9：00，此时气温达到30.3℃，太阳辐射达到333.85 W/m²；即时试件含水率依次为5.3%、4.3%及6%。由图可分析出，自6：00日出时刻起始蒸发受太

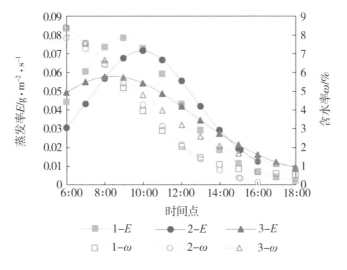

图3−10　A试件6点起始工况蒸发率及含水率随时间变化

阳辐射、气温的上升，相对湿度的下降的影响，蒸发率峰值在9—10时出现，数值为$0.06 \sim 0.08 \, \mathrm{g \cdot m^{-2} \cdot s^{-1}}$，含水率在$4.3\% \sim 6\%$。在12—14时太阳辐射最强期间，预浸纯水试件含水率已降至2%以下，而预浸盐溶液试件含水率超过3%，使该试件后期保持最高蒸发率。此外，纯汽纯水及盐汽盐水工况试件初始温度较低，导致初始蒸发率偏低，理论上应高于盐汽盐液工况。

图3-10中，"1-E"代表工况1的蒸发率（E）；"1-ω"代表工况1的试件质量含水率（ω），以此类推，下同。

N试件6时起始蒸发中，蒸发率峰值由高至底依次为工况2"盐汽纯水"、工况1"纯汽纯水"、工况3"盐汽盐液"；数值依次为$0.20 \, \mathrm{g \cdot m^{-2} \cdot s^{-1}}$、$0.15 \, \mathrm{g \cdot m^{-2} \cdot s^{-1}}$、$0.10 \, \mathrm{g \cdot m^{-2} \cdot s^{-1}}$；发生时刻依次为10：00、10：00、9：18时；即时含水率依次为11.7%、12%、13.6%，如图3-11所示。初期蒸发率由高至低依次为工况3"盐汽盐液"、工况1"纯汽纯水"、工况2"盐汽纯水"。

在6时起始蒸发工况实验组中，工况2和工况3向风洞中输入了含盐湿空气，其空气盐质量浓度检测情况如图3-12所示。

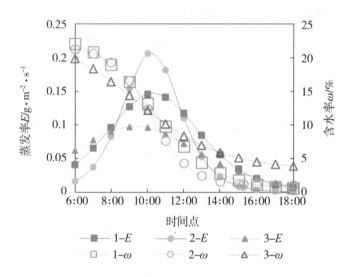

图3-11　N试件6时起始工况蒸发率及含水率随时间变化

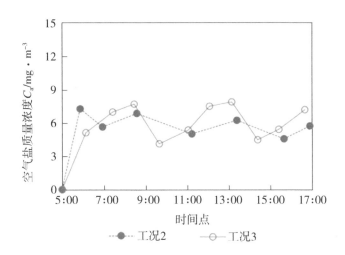

图 3 - 12　6 时起始工况含盐湿空气控制效果

（2）12 时起始蒸发工况组

12 时气温为 32.1℃，相对湿度 69.9%，太阳辐射强度 386 W/m²，风速 3.3 m/s。如图 3 - 13 所示，A 试件 12 时起始蒸发实验中，初始蒸发率由高向低依次为纯汽纯水、盐汽纯水及盐汽盐液，数值依次为 0.1 g·m⁻²·s⁻¹、0.07 g·m⁻²·s⁻¹、0.06 g·m⁻²·s⁻¹。工况 1"纯汽纯水"蒸发率峰值与工况 2"盐汽纯水"峰值接近，工况 3"盐汽盐液"最低，数值依次为 0.138 g·m⁻²·s⁻¹、0.144 g·m⁻²·s⁻¹、0.09 g·m⁻²·s⁻¹；发生时刻依次为 13：06、13：30 及 13：30 时，13—14 时为太阳辐射、气温和风速的峰值时刻，分别为 406 ～ 402 W/m²、32.7 ～ 33℃ 及 3.7 ～ 4 m/s；即时含水率依次为 6.2%、5.5% 及 6%。可见，含盐湿空气及盐溶液对初始蒸发率削弱效果明显；盐溶液对蒸发率峰值削弱效果明显；太阳辐射强度对蒸发率峰值到来时刻具有决定作用；预浸盐溶液试件平衡含水量明显高于预浸纯水试件。

如图 3 - 14 所示，N 试件 12 时起始蒸发，蒸发率峰值由高至低依次为工况 2"盐汽纯水"、工况 1"纯汽纯水"、工况 3"盐汽盐液"；峰值依次为 0.22 g·m⁻²·s⁻¹、0.20 g·m⁻²·s⁻¹、0.17 g·m⁻²·s⁻¹；出现时刻依次为 14：00、14：18 时、13：42 时；即时含水率依次为 13.4%、12.5%、7.77%。

在 12 时起始蒸发工况实验中，工况 2 和工况 3 向风洞中输入了含盐湿空气，其空气盐质量浓度检测情况如图 3 - 15 所示。

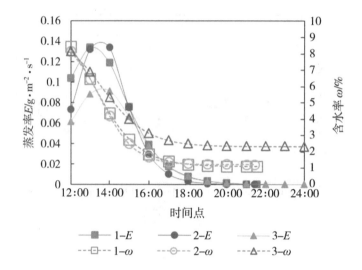

图 3-13 A 试件 12 时起始工况蒸发率及含水率随时间变化

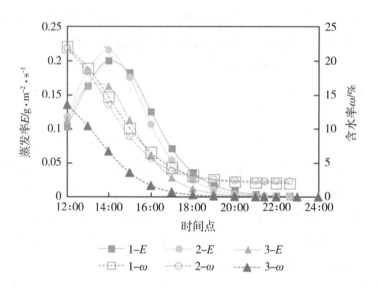

图 3-14 N 试件 12 时起始工况蒸发率及含水率随时间变化

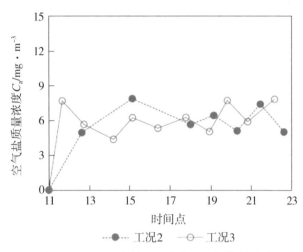

图 3 – 15 12 时起始工况含盐湿空气控制效果

（3）18 时起始蒸发工况组

18 时气温为30.7℃，相对湿度74.7%，风速2m/s。如图 3 – 16 所示，A 试件18 时起始蒸发中，各工况维持极低蒸发率，峰值在 $0.02 \sim 0.05\,\mathrm{g \cdot m^{-2} \cdot s^{-1}}$ 间。其中峰值由高到低依次为工况 2"盐汽纯水"、工况 1"纯汽纯水"及工况 3"盐汽盐液"；数值依次为 $0.048\,\mathrm{g \cdot m^{-2} \cdot s^{-1}}$、$0.031 \cdot \mathrm{g \cdot m^{-2} \cdot s^{-1}}$ 及 $0.025 \cdot \mathrm{g \cdot m^{-2} \cdot s^{-1}}$；到来时刻依次为 21：18、18：30 及 18：00；即时含水率依次为 6.25%、8.9% 及 8.78%。

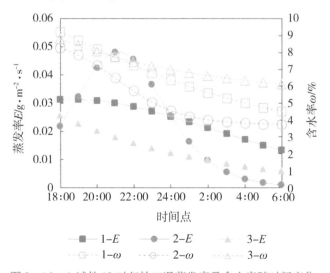

图 3 – 16 A 试件18 时起始工况蒸发率及含水率随时间变化

53

如图 3 – 17 所示，N 试件 18 时起始蒸发，蒸发率处于 0.02 ～ 0.05 g·m^{-2}·s^{-1} 低值区间。峰值由高至低依次为工况 2"盐汽纯水"、工况 1"纯汽纯水"、工况 3"盐汽盐液"；峰值依次为 0.052 g·m^{-2}·s^{-1}、0.03 g·m^{-2}·s^{-1}、0.024 g·m^{-2}·s^{-1}；出现时刻依次为 21：00、19：00、18：00；即时含水率依次为：19.1%、23.1%、21.1%。在 18 时起始蒸发工况实验组中，工况 2 和工况 3 向风洞输入了含盐湿空气，其空气盐质量浓度检测情况如图 3 –18 所示。

21 时左右气温为 29.8℃，相对湿度 77.3%，风速为 2.3 m/s。18 时日落后至次日日出，气温持续下降，相对湿度持续上升，风速在 2 ～ 3 m/s 波动。该过程中蒸发率保持持续较低的水平，经 12 小时后仍保有较高的含水率。

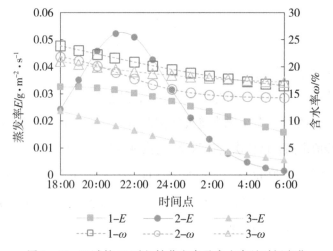

图 3 –17　N 试件 18 时起始蒸发率及含水率随时间变化

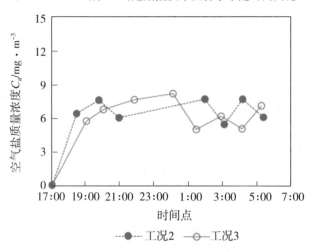

图 3 –18　18 时起始工况含盐湿空气控制效果

第三节 蒸发降温分析

一、蒸发降温效益

（1）6时起始蒸发工况组

如图 3-19 所示，A 试件 6—14 时试件温度由高向低依次为：干试件、盐汽盐液试件、盐汽纯水试件、纯汽纯水试件。各试件温度均高于气温，蒸发降温仅能使湿试件温度略低于干试件，日落后湿试件具有热效益。14—16 时各试件温度处于峰值，39 ～ 40℃。自 14 时后各组试件温度接近，16 时后湿试件温度高于干试件。分析认为，干试件随太阳辐射增强，温度迅速上升至远高于湿试件；随辐射减弱，温度迅速下降至略低于湿试件。盐汽纯水及盐汽盐液工况试件温度接近，高于纯汽纯水工况。分析可得，受低蒸发率影响，14 时前含盐工况试件温度较高；而受平衡状态含水量影响时，会造成 14 时后湿试件降温速度慢于干试件。

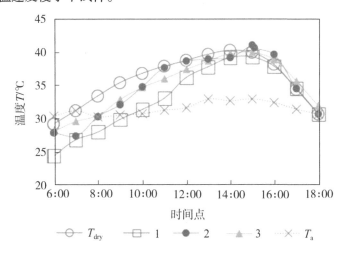

图 3-19 A 试件 6 时起始蒸发工况各组试件温度

如图 3-20 所示，N 试件 6 时起始蒸发至 13 时期间，试件温度由高至底依次为干试件、盐汽盐液、盐汽纯水和纯汽纯水。其中，7—18 时期间，盐汽盐液试件温度与干试件接近；纯汽纯水与盐汽纯水试件温度在 12 小时工况中趋近。温度峰值分别为干试件 45℃、盐汽盐液试件 45.5℃、纯汽纯水试件 42.6℃、盐汽纯水试件 40℃。试件温度在大部分时间内接近或高于气温。

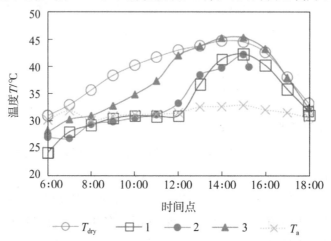

图 3-20 N 试件 6 时起始蒸发工况各组试件温度

A 试件降温效益如图 3-21 所示，降温效益以纯汽纯水工况最高，其次为盐汽纯水工况，最低为盐汽盐液工况，峰值依次为 5.5℃、3.8℃、2.9℃；有效降温时长依次为 11 小时、8.7 小时及 9 小时。分析认为，太阳辐射降低后，含盐含湿量大的试件由于降温不及时，导致降温效益减弱甚至为负效益，且有效降温时长缩短。

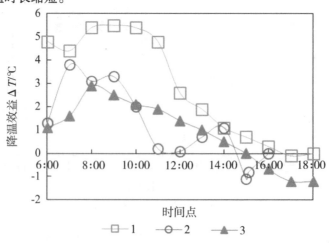

图 3-21 A 试件 6 时起始蒸发各组试件降温效益对比

如图 3-22 所示，N 试件 6 时起始蒸发后，降温效益峰值由高到低依次为纯汽纯水、盐汽纯水、盐汽盐液；峰值依次为 12℃、11℃、5.7℃；出现时刻依次为 12：00、10：30、9：18；有效降温时长依次为超过 12 小时、超过 9 小时、7 小时。

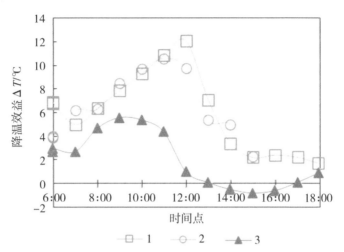

图 3-22　N 试件 6 时起始蒸发各组试件降温效益对比

（2）12 时起始蒸发工况组

如图 3-23 所示，A 试件 12—16 时期间，试件温度由高到低依次为干试件、盐汽盐液、盐汽纯水及纯汽纯水。湿试件温度峰值约为 36℃，干试件约为 40℃。纯汽纯水、盐汽纯水试件温度在 15—18 时期间高于气温，盐汽盐液试件温度在 13—17 时高于气温。18 时各试件温度降低，湿试件温度略高于干试件。

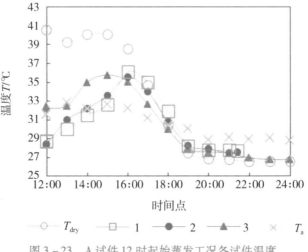

图 3-23　A 试件 12 时起始蒸发工况各试件温度

如图 3-24 所示，N 试件 12 时起始蒸发，试件温度由高至低依次为干试件、盐汽盐液，最低为盐汽纯水和纯汽纯水试件，两者温度接近；其中干试件温度峰值达 44.9℃，盐汽盐液试件温度峰值达 41.5℃，纯汽纯水、盐汽纯水试件温度一直持平或低于气温。

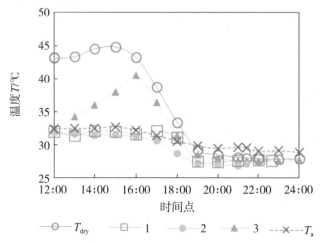

图 3-24　N 试件 12 时起始蒸发工况各试件温度

如图 3-25 所示，A 试件 12—16 时，降温效益由高到低依次为纯汽纯水、盐汽纯水及盐汽盐液；降温效益峰值依次为 9.4℃、8.4℃ 及 7.6℃，出现时刻均为 12:30；有效蒸发降温时长依次为 5 小时、5.5 小时及 6 小时。湿试件日落后热效应明显，三组试件降温效益水平接近。

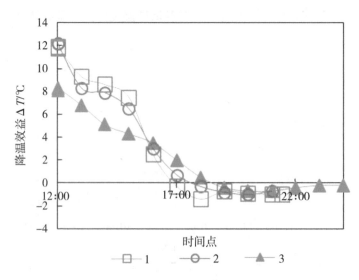

图 3-25　A 试件 12 时起始蒸发各组试件降温效益对比

如图 3-26 所示，N 试件 12 时起始蒸发，降温效益峰值中，纯汽纯水与盐汽纯水接近，盐汽盐液最低；峰值依次为 13.2℃ 和 9.2℃；到来时刻依次为 13:30、12:30 时；有效降温时长依次为 9.5 小时、9.5 小时、6.5 小时。

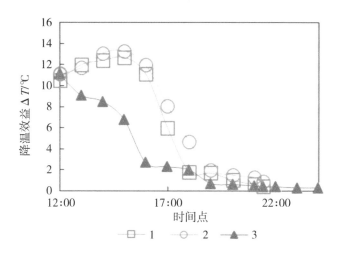

图 3-26　N 试件 12 时起始蒸发各组试件降温效益对比

（3）18 时起始蒸发工况组

如图 3-27 所示，A 试件 18 时起始蒸发，初期试件温度由高到低依次为干试件、盐汽盐液、盐汽纯水及纯汽纯水试件。由于该时段缺乏太阳辐射，各试件温度均低于气温。纯汽纯水试件温度于 18 时至次日 2 时期间低于干试件温度，并于 20:00 超过盐汽纯水试件，22:30 超过盐汽盐液试件，次日 1:36 后超过干试件，此刻试件含水率约 5%，蒸发率约 0.02 $g \cdot m^{-2} \cdot s^{-1}$；盐汽纯水和盐汽盐液工况试件温度均保持低于干试件的状态，且变化同步，并呈缓慢上升趋势。

如图 3-28 所示，N 试件 18 时起始蒸发，各试件温度均低于气温。其中干试件温度最高，峰值约 28.5℃；湿试件温度接近，在 25～27℃ 之间，其中以盐汽盐液试件温度较高，纯汽纯水及盐汽纯水试件温度接近。

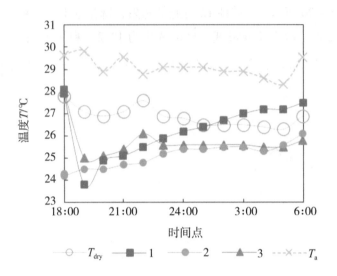

图 3 – 27   A 试件 18 时起始蒸发工况各组试件温度

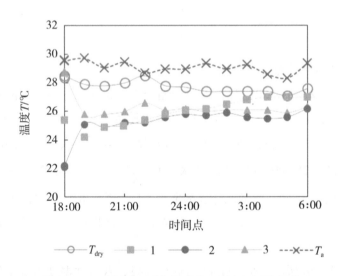

图 3 – 28   N 试件 18 时起始蒸发工况各组试件温度

　　如图 3 – 29 所示，A 试件 18 时起始蒸发，降温效益峰值由高到低依次为纯汽纯水、盐汽纯水、盐汽盐液；峰值依次为 3.3℃、2.8℃、2.1℃；出现时刻依次为 19：00、22：00、19：00；有效降温时长依次为 7 小时、超过 12 小时、超过 12 小时。

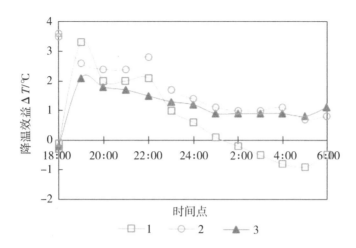

图 3-29　A 试件 18 时起始蒸发各组试件降温效益对比

如图 3-30 所示，N 试件 18 时起始蒸发，24 时前降温效益以纯汽纯水和盐汽纯水较高，峰值分别为 3.7℃和 3.3℃，出现时刻为 19：00 和 22：00；有效降温时长分别为 10 小时和 12 小时；盐汽盐液试件降温效益较低，峰值为 2.1℃，19：00 出现，有效降温时长超过 12 小时；24 时至次日 6 时纯汽纯水降温效益降低，盐汽纯水与盐汽盐液试件降温效益趋势接近。

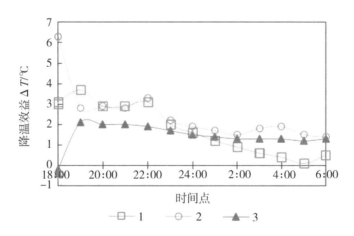

图 3-30　N 试件 18 时起始蒸发各组试件降温效益对比

二、 含盐蒸发降温规律总结

(1)12 时起始蒸发效益最高

从实验结果来看，两种显著差异材料，在三个不同时刻起始所得的蒸发率峰值与降温效益峰值分布规律较为一致，均为 12 时起始最高，18 时起始最低，6 时起始居中，如图 3-31 和图 3-32 所示，详细数据统计于表3-2、表3-3 中。

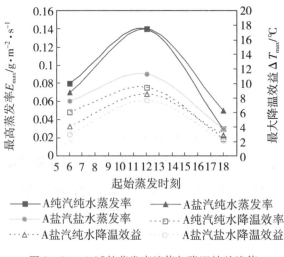

图 3-31　A 试件蒸发率峰值与降温效益峰值

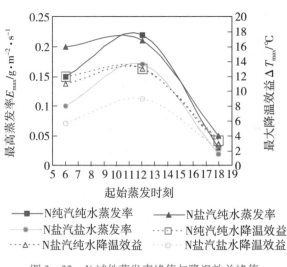

图 3-32　N 试件蒸发率峰值与降温效益峰值

表 3-2　A 试件蒸发降温特性汇总

起始时刻	6：00			12：00			18：00		
工况	1	2	3	1	2	3	1	2	3
蒸发率峰值/$g \cdot m^{-2} \cdot s^{-1}$	0.08	0.07	0.06	0.14	0.14	0.09	0.03	0.05	0.03
蒸发率峰值时刻	9：00	10：00	9：00	13：06	13：30	13：30	18：30	21：18	18：00
峰值含水率/%	5.3	4.3	6	6.2	5.5	6	8.9	6.3	8.8
降温效益峰值/℃	5.5	3.8	2.9	9.4	8.5	7.6	3.3	2.8	2.1
降温效益峰值时刻	11：00	7：00	8：00	12：30	12：30	12：30	19：00	20：00	19：00
有效降温时长/h	11	8.7	9	5	5.5	6	7	>12	>12

备注：工况 1 为"纯汽纯水"；工况 2 为"盐汽纯水"；工况 3 为"盐汽盐液"。

表 3-3　N 试件蒸发降温特性汇总

起始时刻	6：00			12：00			18：00		
工况	1	2	3	1	2	3	1	2	3
蒸发率峰值/$g \cdot m^{-2} \cdot s^{-1}$	0.15	0.2	0.1	0.20	0.22	0.17	0.03	0.05	0.02
蒸发率峰值时刻	10：00	10：00	9：18	14：18	14：30	13：42	19：00	21：00	18：00
峰值含水率/%	12	11.7	13.6	12.5	13.4	7.8	23.1	19.1	21.1
降温效益峰值/℃	12	11	5.7	13.2	13.2	9.2	3.7	3.3	2.1
降温效益峰值时刻	12：00	10：30	9：18	13：30	13：30	12：30	19：00	22：00	19：00
有效降温时长/h	>12	>9	7	9.5	9.5	6.5	10	12	>12

分析其中原因，自 6 时日出时刻起始蒸发时，该时刻对应的太阳辐射强度、气温两个因素均处于较低的数值水平，随时间推移，两项气象指标逐步上升，试件蒸发率也随之缓慢升高。经数小时蒸发后，材料含水率降低，当气象参数变化至最利于蒸发的状态时，材料所含水分已不足以支持剧烈蒸发。

因而，试件 A 的降温效益峰值出现在 8—10 时，而试件 N 由于孔隙率较大，孔径尺寸较小，足以保持较多水分至 12 时，因此降温效益峰值出现在 12 时。相比之下，在 12 时起始工况中，饱和含水试件在高辐射、高温、低湿度环境下，具有极佳蒸发条件，因此剧烈的蒸发带来巨大的降温效益。

无论受含盐湿空气，或是饱含盐溶液影响，在全天日照、气温最高值时刻起始蒸发具有最大降温效益。因此，依据具体气象条件设定淋水时刻具有较高经济效益。

如图 3 – 33 所示，12 时起始蒸发工况对湿试件温度峰值时刻延迟效果优于 6 时起始蒸发工况。原因是 6 时起始蒸发工况中，湿试件温度峰值在 14—14.7 时极热时段出现，此时含水率处于较低水平，难以提供更大的降温效益与波峰延迟。而 12 时起始蒸发工况却最多能将湿试件温度波峰延迟至 17 时，避开极热时段。18 时起始蒸发工况由于蒸发缓慢，延迟时间较长；其中延迟时间由长至短依次为纯汽纯水、盐汽纯水、盐汽盐液。然而由于夜间蒸发率较低，干、湿试件温度均低于气温，因此蒸发降温效益并不可观。

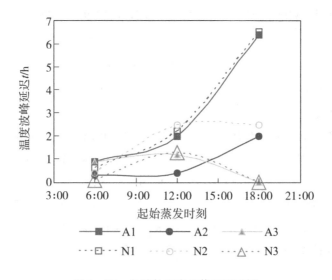

图 3 – 33　各试件温度峰值延迟时间

对蒸发降温效益曲线正值部分做积分统计，可得 12 小时内降温效益总值。以工况 1（纯汽纯水）为基准，计算含盐工况降温效益总值降低部分占工况 1 的比例，可得工况 2（盐汽纯水）降低 2.63%，工况 3（盐汽盐液）下降 40.44%。

12 时起始蒸发能使试件温度显著低于气温。12 时起始蒸发工况中，试件温度高于气温的时长显著低于 6 时起始蒸发工况。尽管 6 时起始蒸发工况的日照时间为 12 时起始蒸发工况的两倍，但 12 时起始蒸发工况试件温度高于气温的时长低于 6 时起始蒸发工况相应时长的一半，如图 3 – 34 所示。且 12

时起始蒸发工况能在日照最强、气温最高时段有效降低湿试件温度。18 时起始蒸发工况为夜间运行，无太阳辐射输入，试件温度均低于气温。

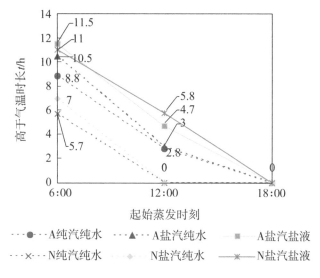

图 3-34 各试件温度高于气温时长统计

含盐湿空气及盐溶液并未显著改变蒸发降温效益的时空分布特征。将各小时蒸发降温效益进行积分，并计算每小时降温效益在总降温效益中的百分比，结果如图 3-35 所示。可见，降温效益分布与蒸发率曲线三阶段特征相似，具有初段高而稳定、中段迅速下跌、后段低且稳定的特点。含盐湿空气与盐溶液并未在降温效益时空分布上产生显著影响，而仅影响效益数值大小。

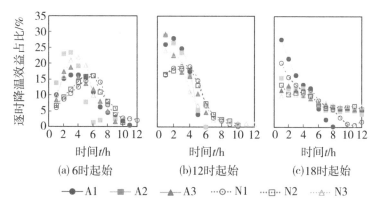

图 3-35 逐时降温效益比例

对前 6 小时蒸发降温效益进行统计，各时刻降温效益比例累积曲线如图图 3－36 所示。可见，由高至低依次为 12 时起始、6 时起始、18 时起始。这意味着 12 时起始蒸发工况在前 6 小时蒸发中消耗了最多降温效益。以工况条件对比，A 试件及 N 试件 12 时、18 时起始蒸发中，效益消耗速率由快到慢依次为纯汽纯水、盐汽纯水、盐汽盐液。

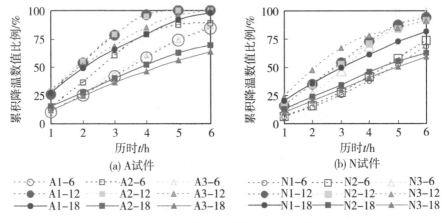

(a) A试件　　　　　　　　　　　(b) N试件

····○···· A1－6　　····□···· A2－6　　····△···· A3－6　　····○···· N1－6　　····□···· N2－6　　····△···· N3－6
····●···· A1－12　　····■···· A2－12　　····▲···· A3－12　　····●···· N1－12　　····■···· N2－12　　····▲···· N3－12
——●—— A1－18　　——■—— A2－18　　——▲—— A3－18　　——●—— N1－18　　——■—— N2－18　　——▲—— N3－18

图 3－36　前 6 小时逐时累积降温效益比例

含盐湿空气及盐溶液显著延长了蒸发降温效益作用的时间。基于总蒸发降温效益逐时剩余百分比绘制图 3－37。含盐湿空气中以纯水自 12 时起始蒸发，降温效益仅能维持 4 小时，而盐溶液则可维持 5 小时。这意味着以盐溶液淋水降温，可延长 1 小时淋水间隔时间。

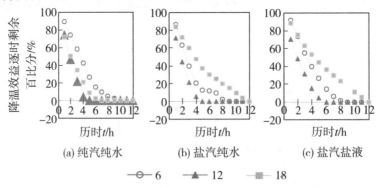

(a) 纯汽纯水　　　　　(b) 盐汽纯水　　　　　(c) 盐汽盐液

——○—— 6　　——▲—— 12　　——■—— 18

图 3－37　A 试件降温效益剩余百分比

（2）纯水降温效益优于盐溶液

预浸纯水的试件具有更好的降温效益和温度波峰延迟功效。如 A 试件

12 时起始蒸发中，预浸盐溶液试件 13 时开始则温度高于气温，预浸纯水工况试件温度延迟至 15 时方才超过气温。如前文图 3－31 及图 3－38 所示，各起始时刻工况的蒸发降温效益峰值按纯汽纯水、盐汽纯水、盐汽盐液顺序递减。蒸发率峰值分布也与此规律相似，如图 3－39 所示。

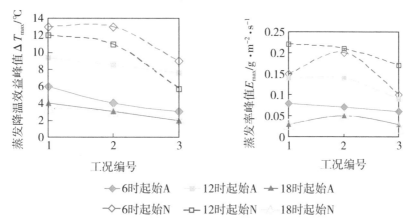

图 3－38　各工况蒸发降温效益峰值　　图 3－39　不同工况蒸发率峰值

（3）在含盐湿空气及盐溶液中蒸发仍具降温效益

随着盐逐次加入空气、水体中，蒸发降温效益呈降低规律。含盐湿空气对降温效益影响有限，多数工况与普通湿空气情况接近，而盐溶液则较为显著也降低了蒸发效益数值，如图 3－40、图 3－41 所示。

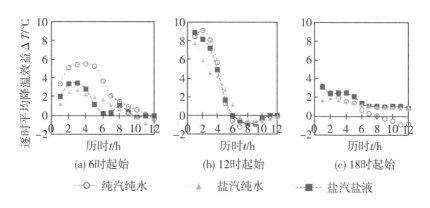

图 3－40　A 试件逐时平均蒸发降温效益

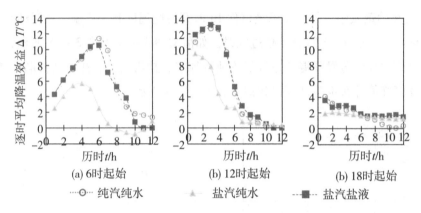

图 3 - 41 N 试件逐时平均蒸发降温效益

（4）淋水策略

增加持续淋水时间是提高盐溶液蒸发降温效益的有效手段。由于含盐湿空气环境中，使用海水进行蒸发，降温效益较纯水低，因此若要提高淋水降温效益水平及持续时间，需对材料持续淋水。总体而言，预浸盐溶液试件温度高于预浸纯水试件温度，试件温度差值即为降温效益差值。其中，"1－3"为纯汽纯水试件与盐汽盐液试件温差，即前者效益高于后者之水平；"2－3"为盐汽纯水试件与盐汽盐液试件温差，如图 3－42、图 3－43 所示。效益差值增加时段即为盐汽盐液条件需要补充淋水时段；差值减小阶段多为总体效益降低阶段，所有工况均应补充淋水以重新提高降温效益。因此，仅考虑含盐湿空气情况，则 9—12 时、13—16 时均为补充淋水适宜时段，12—13 时为淋水效益最高时段。

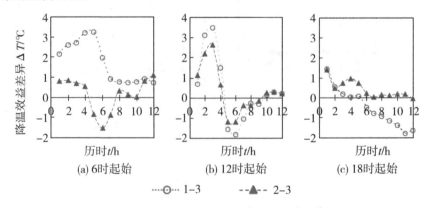

图 3 - 42 A 试件盐汽盐液降温效益降低值

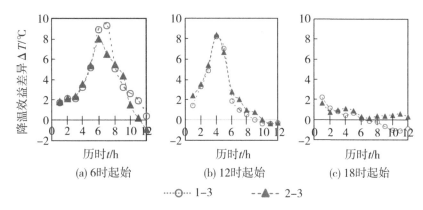

(a) 6时起始 (b) 12时起始 (c) 18时起始

····⊘···· 1—3   --▲-- 2—3

图 3 - 43 　N 试件盐汽盐液降温效益降低值

除此之外，基于上述分析，增加取水深度、雨水回收利用、净化水回收利用均为提升降温效益的手段。淋水水体温度在起始蒸发第一小时内具有额外吸热效益，增加取水深度能降低淋水水体的温度，提高降温效益。利用当地多雨、水源脱盐率要求不高等特点，收集降雨供应淋水水源，或利用景观湿地净化水回收利用等手段，均具有节水增效潜力。

（5）湿试件夜间热效应明显

所谓"热效应（$\Delta T_h/℃$）"，是指外部热源减弱后，湿试件降温速度慢于干试件，造成前者温度高于后者，"降温效益"为负值的现象。此现象多在黄昏及夜间出现。将测试中出现的热效应进行统计，如图 3 - 44—图 3 - 46 所示，可见，出现热效应试件的共性为：①低含水率的含盐试件；②经强烈日晒仍维持一定含水率的深色试件。

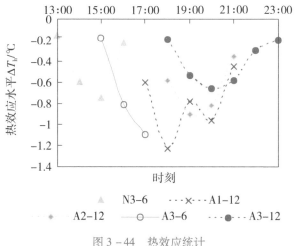

图 3 - 44 　热效应统计

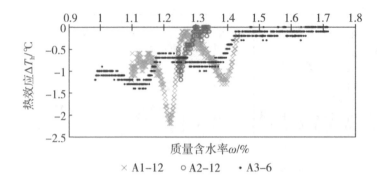

图 3-45　热效应与含水率关系（第一部分）

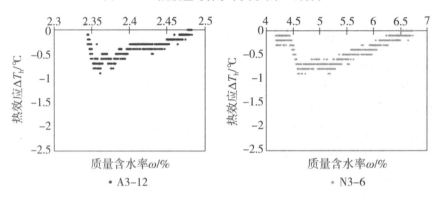

图 3-46　热效应与含水率关系（第二部分）

三、累积蒸发量的计算方法

试件 A 和试件 N 两种材料受含盐湿空气影响，蒸发累积失水量修正式可通过表 3-4 和表 3-5 所列回归式修正。

表 3-4　试件 A 含盐湿空气蒸发失水量修正

起始时刻	修正式	R^2
6：00	$M_{ws} = 83.214\,52\mathrm{e}^{(M_w/139.325\,54)} - 82.077\,09$	0.999 83
12：00	$M_{ws} = 141.543\,5 - \dfrac{166.121\,91}{1 + \mathrm{e}^{(M_w - 61.106\,26)/35.869\,91}}$	0.999 83
18：00	$M_{ws} = 77.98 - \dfrac{86.47}{1 + \mathrm{e}^{(M_w - 28.04)/13.01}}$	0.999 94

其中，$M_{ws}(g)$ 为含盐湿空气中累积蒸发失水量；$M_w(g)$ 为普通湿空气中累积蒸发失水量。

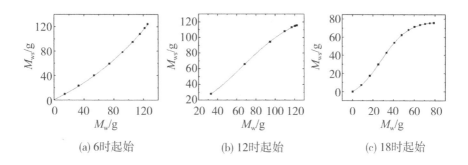

(a) 6时起始　　　　　(b) 12时起始　　　　　(c) 18时起始

图 3 - 47　试件 A 工况 2 逐时累积失水散点拟合

表 3 - 5　试件 N 含盐湿空气蒸发失水量修正

起始时刻	修正式	R^2
6：00	$M_{ws} = 239.38695 - \dfrac{265.12998}{1 + e^{(M_w - 104.02691)/45.92611}}$	0.99998
12：00	$M_{ws} = 273.280 e^{(M_w/369.792)} - 270.318$	0.99972
18：00	$M_{ws} = 85.13 - \dfrac{95.03}{1 + e^{(M_w - 28.88)/13.73}}$	0.99995

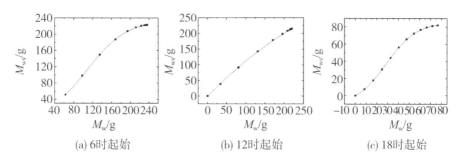

(a) 6时起始　　　　　(b) 12时起始　　　　　(c) 18时起始

图 3 - 48　试件 N 工况 2 逐时累积失水散点拟合

试件 A 和试件 N 受含盐湿空气及 3.5% 浓度氯化钠溶液影响，累积蒸发失水量修正式如表 3 - 6 和表 3 - 7 所示。

表 3-6　试件 A 含盐湿空气及预浸 3.5% 氯化钠溶液蒸发失水量修正

起始时刻	修正式	R^2
6:00	$M_{ws} = 1685.64374 + 3449.205\left(\dfrac{0.54001}{1+10^{(-377.39682-M_w)0.0026}} + \dfrac{0.45999}{1+10^{(198.32653-M_w)0.02531}}\right)$	0.99975
12:00	$M_{ws} = -88.27034 + 475.39073\left(\dfrac{0.63474}{1+10^{(97.56315-M_w)0.00396}} + \dfrac{0.36526}{1+10^{(203.33986-M_w)0.01273}}\right)$	1
18:00	$M_{ws} = -185.44933 + 326.44895\left(\dfrac{0.59847}{1+10^{(-67.84864-M_w)0.01188}} + \dfrac{0.40453}{1+10^{(149.94853-M_w)0.00561}}\right)$	1

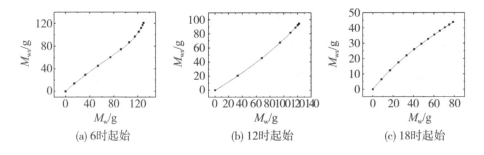

(a) 6时起始　　　(b) 12时起始　　　(c) 18时起始

图 3-49　试件 A 工况 3 逐时累积失水散点拟合

表 3-7　试件 N 含盐湿空气及预浸 3.5% 氯化钠溶液蒸发失水量修正

起始时刻	修正式	R^2
6:00	$M_{ws} = -4023.95487 + 6576.77963\left(\dfrac{0.62827}{1+10^{(-319.2036-M_w)0.00484}} + \dfrac{0.37173}{1+10^{(558.342743-M_w)0.00451}}\right)$	0.99985
12:00	$M_{ws} = -223.9613e^{(M_w/183.9304)} + 223.0838$	0.99973
18:00	$M_{ws} = -82.09e^{(-M_w/113.6451)} + 82.10271$	1

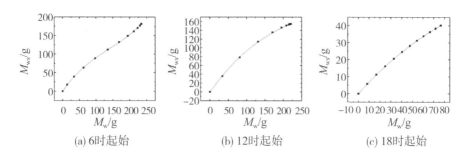

(a) 6时起始　　　　　　　(b) 12时起始　　　　　　　(c) 18时起始

图 3-50　材料 N 工况 3 逐时累积失水散点拟合

　　结合《建筑节能气象参数标准(JGJ/T 346—2014)》中永暑礁典型气象年日平均气温最高日——8 月 3 日动态气象参数，在含盐湿空气质量浓度平均 $6mg/m^3$ 氛围中，采用陶质多孔面砖，预浸纯水及 3.5% 氯化钠溶液，获得上述回归式。其他环境工况导致的数据变化需更广泛研究论证。

　　基于第二章的极端热湿气候环境风洞实验方法，本章开展了在永暑礁典型气象年日平均气温最高日动态气象条件下，以 6 时、12 时、18 时为起始蒸发时刻，将预浸纯水和 3.5% 盐溶液的试件置于普通和 $6mg/m^3$ 左右含盐湿空气中进行蒸发降温的实验。结果显示，含盐湿空气对蒸发存在一定削弱影响，但影响趋势并不显著；盐溶液对蒸发造成了显著削弱影响。研究证实了在含盐环境中使用陶质多孔材料能够发挥有效蒸发降温效益。其中 12 时起始蒸发具有最佳降温效益，峰值平均达 10.2℃；6 时起始及 18 时起始降温效益峰值平均分别为 6.5℃、3.0℃。统计所有实验工况，相比在普通湿空气中进行纯水蒸发，含盐湿空气中纯水蒸发降温效益总值降低 2.63%，而盐溶液蒸发降温效益总值下降 40.44%。外部热源减弱后，湿试件降温速度慢于干试件，可能产生热效应。12 小时统计时段内，热效应数值约占降温效益平均的 8.90%。易产生热效应的为含盐或深色陶质多孔材料，补充淋水具有降低热效应的潜力。

　　根据本章研究，发现以下问题：含盐湿空气影响趋势不明确；各极端热湿气象因素、盐溶液对蒸发过程，尤其是阶段性变化的影响规律不清晰；盐分影响蒸发量的原因不具体等。上述问题将在下文进行深入探讨。

第四章

盐雾腐蚀条件下
建筑涂层表面光学性能

受环境因素如温度、湿度、辐射、空气中腐蚀介质等的综合作用，在大气环境中使用的有机涂层易腐蚀老化甚至失效，其光泽度、太阳反射比、发射率受到影响，而太阳反射比和发射率通过影响表面温度影响涂层表面热物性，表面温度高时对流换热强度较大，从而导致高建筑能耗。

因此，在应用防腐蚀涂层之前了解其在严酷海洋大气环境中的性能变化和失效情况是十分有必要的，本章针对此情况对盐雾腐蚀老化后涂层表面热物性进行研究。

第一节　建筑涂层盐雾腐蚀老化实验方案

一、涂层选择与试样制作

经资料调研和市场调研发现，防腐蚀涂层主要分为水性涂层和溶剂型涂层，其中建筑物、桥梁等又以环氧树脂涂层、聚氨酯树脂涂层、丙烯酸树脂涂层和氟碳涂层应用居多，但由于环氧树脂涂层耐候性较差，故将其排除。实验选择水性聚氨酯涂层、水性丙烯酸涂层和溶剂型防腐蚀涂层三类，并从中各选择两种不同设计耐候年限的涂层组合，颜色均为白色(见表4-1)。

表4-1　涂层组合

	水性聚氨酯涂层 WP1	水性聚氨酯涂层 WP2	水性丙烯酸涂层 WA1	水性丙烯酸涂层 WA2	溶剂型涂层 S1	溶剂型涂层 S2
底漆	丙烯酸(301D)	丙烯酸(301D)	丙烯酸(301D)	丙烯酸(301D)	环氧封闭底漆	环氧封闭底漆
	厚度：50μm	厚度：50μm			厚度：50μm	厚度：50μm
中间漆	—	—	水性环氧云铁中间漆(213Z)	水性环氧云铁中间漆(213Z)	—	—
			厚度：100μm	厚度：100μm		

续表 4 - 1

	水性聚氨酯涂层 WP1	水性聚氨酯涂层 WP2	水性丙烯酸涂层 WA1	水性丙烯酸涂层 WA2	溶剂型涂层 S1	溶剂型涂层 S2
面漆	聚氨酯（303）	聚氨酯（301）	丙烯酸（204M）	丙烯酸聚氨酯（233M）	丙烯酸	氟碳
	厚度：100μm	厚度：100μm	厚度：50μm	厚度：50μm	厚度：100μm	厚度：100μm

由于紫外光耐气候试验箱对试样大小和尺寸的限制，试样基板尺寸（长×宽×高）为 150 mm×70 mm×6 mm，并参考标准 JG/T 23—2001《建筑涂料涂层试板的制备》[60]，选用无石棉水泥纤维板，如图 4 - 1 所示。

图 4 - 1　试样基板与涂层试样

将每种涂层涂刷到试样基板上，操作步骤如下。

（1）将试样基板表面打磨平整，清洗干净并晾干；

（2）底漆涂刷：搅拌使涂层试样充分混合，使用线棒涂布器均匀涂刷于表面和四周，提高面漆附着力；

（3）中间漆或面漆涂刷：待底漆干燥后，进行中间漆或面漆的涂刷，面漆涂刷两遍；

（4）涂层养护：涂层试样制备完成后放置于温度为 21 ～ 25℃、相对湿度为45%～55%的避光且空气流通环境下 7 天，使试板表面的涂层组合完全固化。

二、 盐雾腐蚀老化加速试验方案

为了能更准确反映沿海大气环境中建筑涂层受到盐雾腐蚀影响的过程，选择盐雾腐蚀老化循环，将紫外 - 冷凝试验和盐雾试验结合，主要模拟中国南部沿海大气环境强紫外线、高温、干湿交替频繁、大气盐分高等特点。使用的仪器分别为紫外光耐气候试验箱（图 4 - 2）和盐雾腐蚀试验箱（图 4 - 3）。紫外光耐气候试验箱使用 UVA 灯管模拟太阳光谱中对涂层破坏性较大的部分，并结合温、湿度控制，模拟光照、凝露、黑暗周期等因素对涂层试件进行人工气候加速老化。盐雾腐蚀试验箱将试件循环暴露于盐雾、干燥、湿热环境中，模拟盐雾、干湿交替、高温等因素对涂层试件进行实验室加速盐雾腐蚀。

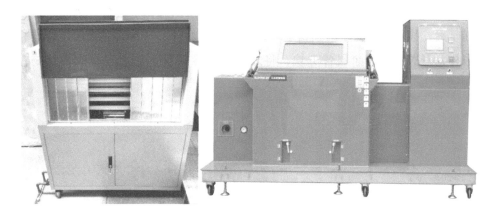

图 4 - 2　紫外光耐气候试验箱　　　　图 4 - 3　盐雾腐蚀试验箱

参考标准 ISO 11997 - 2 - 2013《色漆和清漆　耐循环腐蚀环境的测定》中第二部分"湿（盐雾）/干燥/湿气/紫外光"[61]进行盐雾腐蚀老化加速试验，每个试验周期由 3 天紫外冷凝试验和 3 天循环盐雾试验组成。在紫外光耐气候试验箱中进行紫外冷凝循环，包含 4 小时紫外光照，紫外光波长为 340nm，照度为 0.83 W/m^2，温度为 60℃ ±3℃；在 4 小时黑暗环境下去离子水冷凝，温度控制在 50℃ ±3℃。在盐雾腐蚀试验箱中进行盐雾试验循环，包含 2 小时5％氯化钠溶液喷雾环境，喷雾量控制在 1 ～ 2ml/h，温度为 35℃ ±2℃；4 小时干燥环境，相对湿度控制在 20%～30%，温度为 60℃±2℃；2 小时湿气环境，相对湿度保持在 95% 以上，温度在 50℃±2℃ 范围内。试验循环如表 4-2 所示。

表 4-2　盐雾腐蚀老化试验循环

	时间/h	温度/℃	条件
紫外冷凝循环	4	60±3	紫外光照：0.83 W/m², 在波长 340 nm 处
	4	50±3	黑暗环境下冷凝
盐雾循环	2	35±2	盐雾：5% NaCl 溶液
	4	60±2	干燥：20%～30% 相对湿度
	2	50±2	湿气：95% 及以上相对湿度

涂层试样在紫外光耐气候试验箱和盐雾腐蚀试验箱中的固定方式见图 4-4、图 4-5，先将涂层试样置于紫外光耐气候试验箱中进行 3 天紫外冷凝循环后，移入盐雾腐蚀试验箱中进行 3 天盐雾循环。每 6 天对涂层试样进行取样，每次取 6 种涂层各 1 块，将之干燥并冷却至室温后进行表面热物性测试。

图 4-4　紫外光耐气候试验箱
　　　内试件摆放

图 4-5　盐雾腐蚀试验箱内试件摆放

第二节　建筑涂层表面宏观样貌
及热物性测试方法

一、宏观样貌测试方法

试件宏观样貌使用 Sony – RX100M5 相机(图 4 – 6)进行拍摄，主要观测试样明显的变色、开裂、起泡、盐沉积等现象。

涂层视觉外观参数还可以用涂层光泽度来衡量。涂层光泽度的测试采用 BGD516/3 三角度光泽度计(图 4 – 7)，测 60°角光泽度。具体操作为：开机，待仪器测量标准黑板校准合格后，将仪器放到涂层试样上，每块试件选择 5 个点，除去偏差值，取平均值，并通过式(4 – 1)计算失光率(％)。

$$失光率 = \frac{A_0 - A_1}{A_0} \times 100\%　\qquad (4 - 1)$$

式中，A_0 为涂层初始光泽度值，A_1 为盐雾腐蚀老化后光泽度值。

图 4 – 6　Sony 相机

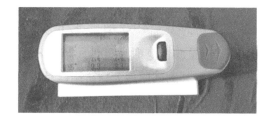

图 4 – 7　三角度光泽度计

二、发射率测试方法

发射率测试采用美国 D&G 公司的 AE – 1 型半球辐射计，实验仪器如图 4 – 8所示。仪器主要由探测头、数字电压表及两个标准样本组成，其中探头具有电加热功能，测试样本不必加热就能测出发射率。测试前需将探头校准，接通电源，预热半小时左右，以除去探头表面水汽，之后使用标准样本对探头进行标定，标定完毕后可开始测试。测试时，将探头放置于冷却、干燥的试样上，待仪器稳定后读取试样的发射率，每隔 10 分钟读取一次数据，每次测试读取 3 次数据并取平均值，每种样本测试 3 次。

图 4 - 8　AE - 1 型半球辐射计

三、　太阳反射比测试方法

太阳反射比测量采用含有积分球的分光光度计，本研究所用仪器为 Hitachi 公司的 U - 4100 型紫外/可见/近红外分光光度计，积分球尺寸为 60 mm，测量波长范围为 200 ~ 2600 nm，波长间隔为 10 nm，实验装置如图 4 - 9 所示。其测试原理为物质能够对不同波长的光选择性吸收，分光光度计内置一个光源，可以发射多种波长的光，再通过一组分光装置，产生一系列特定波长的光，当光线到达测试样品时，部分被吸收，部分被反射，得到光谱反射比，通过对光谱反射比积分，可计算出试样的太阳反射比。具体操作：将标准白板安装在积分球试样孔处，保证试件与通光孔紧密接触，防止漏光造成误差，在 300 ~ 2500nm 范围内测量绝对光谱反射比的基线，之后将干燥、冷却到实验室温条件的试件对准积分球的测量孔，在 300 ~ 2500nm 波长范围内测量试样相对于标准白板的光谱反射比。通过将测量光谱反射比数据与标准 ASTM E891 - 87 中的空气质量 1.5 的太阳光谱辐照度进行加权积分，计算出太阳反射比[62, 63]。测试环境温度控制在 19 ~ 21℃ 范围内，相对湿度控制在 48% ~ 52% 范围内。每种试件选上中下三个位置，每个位置测 3 次，以保证测试结果的准确性。

图 4 - 9 分光光度计

得到试件光谱反射比后，采用下式计算 300 ~ 2500nm 波长范围内的太阳反射比：

$$\rho_s = \frac{\sum_{i=1}^{n} \rho_0 \lambda_i \rho_b \lambda_i E_s(\lambda_i) \Delta \lambda_i}{\sum_{i-1}^{n} E_s(\lambda_i) \Delta \lambda_i} \qquad (4-2)$$

$$\Delta \lambda_i = \frac{\lambda_{i+1} - \lambda_{i-1}}{2} \qquad (4-3)$$

式中，ρ_s 为试样太阳反射比；i 为波长 300 ~ 2500 nm 范围内计算点；λ_i 为计算点 i 对应的波长(nm)；$\rho_0 \lambda_i$ 为波长为 λ_i 的标准白板的光谱反射比测定值，应采用计量部门的检定值；$\rho_b \lambda_i$ 为试样在波长为 λ_i 处的相对于标准白板的光谱反射比测定值；$E_s(\lambda_i)$ 为在波长 λ_i 处的太阳光谱辐照度，单位为 $W/(m^2 \cdot nm)$；$\Delta \lambda_i$ 为计算点波长间隔。

第三节　盐雾腐蚀老化后涂层表面宏观样貌

一、　腐蚀时间对涂层表面外观的影响

　　建筑外表面防腐蚀涂层在盐雾腐蚀老化试验中，受到模拟海洋大气环境湿热、盐雾、辐射、干湿交替、光暗循环等的综合作用，发生不可逆的化学和物理变化，导致涂层性能下降或劣化，涂层中的树脂受到太阳辐射尤其是紫外线作用，不仅会发生光降解，出现失光变色，甚至会出现起泡、开裂等现象。同时涂层表面与含盐湿空气接触，在干湿循环作用下，盐分会在涂层表面沉积。

　　基于此，对不同种类、不同腐蚀时间的涂层试件进行宏观样貌对比，如图 4-10，可以看出，各种涂层试件表面经盐雾腐蚀老化后均有盐沉积，但盐沉积量并未随着腐蚀时间增加而增多，基本保持稳定。水性聚氨酯涂层 WP1、WP2 试件盐雾老化腐蚀 30 天的过程中涂层外观无明显变化，随腐蚀时间增加，涂层试样有轻微变黄迹象。水性丙烯酸涂层 WA1、WA2 试件涂层外观变化较为明显，随着试验时间增加，涂层试样变色逐渐明显，涂层变黄。而溶剂型涂层 S1、S2 试件盐雾腐蚀老化 30 天的过程中出现非常明显涂层外观变化，随着试验时间增加，涂层试样变色越来越明显，涂层颜色显著变黄，亮度变暗。

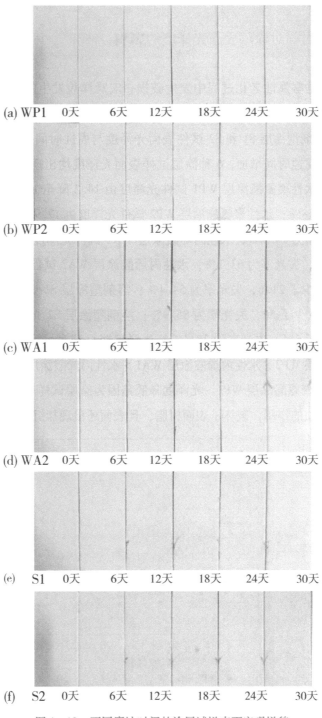

(a) WP1　0天　　6天　　12天　　18天　　24天　　30天

(b) WP2　0天　　6天　　12天　　18天　　24天　　30天

(c) WA1　0天　　6天　　12天　　18天　　24天　　30天

(d) WA2　0天　　6天　　12天　　18天　　24天　　30天

(e)　S1　0天　　6天　　12天　　18天　　24天　　30天

(f)　S2　0天　　6天　　12天　　18天　　24天　　30天

图 4 - 10　不同腐蚀时间的涂层试样表面宏观样貌

二、 腐蚀时间对涂层表面光泽度的影响

涂层在盐雾腐蚀老化过程中发生破损，宏观样貌发生的变化还可以用涂层表面光泽度来表征。水性聚氨酯涂层 WP1 和 WP2、水性丙烯酸涂层 WA1 和 WA2、溶剂型涂层 S1 和 S2 试件表面光泽度与腐蚀时间的关系如图 4 – 11 所示。随着腐蚀时间增加，6 种涂层试样表面光泽度均出现不同程度的降低。具体来看，水性聚氨酯涂层 WP1 试件光泽度由 14.2 降至 10.4，减少了 3.8，失光率为 26.8%；水性聚氨酯涂层 WP2 试件光泽度由 17.9 降至 4.6，减少了 13.3，失光率为 74.3%；水性丙烯酸涂层 WA1 试件光泽度由 23.6 降至 8.7，减少了 14.9，失光率为 63.1%；水性丙烯酸涂层 WA2 试件光泽度由 39.7 降至 18.1，减少了 21.6，失光率为 54.4%；溶剂型涂层 S1 试件光泽度由 65.2 降至 9.2，减少了 56，失光率为 85.9%；溶剂型涂层 S2 光泽度由 17.2 降至 10.6，减少了 6.6，失光率为 38.4%。光泽度降低程度：溶剂型涂层 S1 > 水性聚氨酯涂层 WP2 > 水性丙烯酸涂层 WA1 > 水性丙烯酸涂层 WA2 > 溶剂型涂层 S2 > 水性聚氨酯涂层 WP1。光泽度降低是因为涂层试样表面受到紫外光辐射和盐雾侵蚀的作用，破坏了表面树脂，且表面还出现盐沉积。

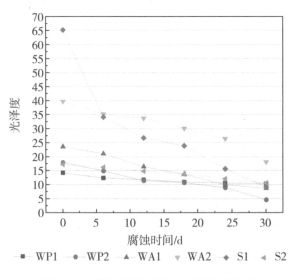

图 4 – 11　腐蚀时间与试件表面光泽度关系

第四节　盐雾腐蚀老化后涂层表面热物性变化

一、腐蚀时间对涂层表面发射率的影响

水性聚氨酯涂层 WP1 和 WP2、水性丙烯酸涂层 WA1 和 WA2、溶剂型涂层 S1 和 S2 试件表面发射率与腐蚀时间的关系如图 4 – 12 所示，在盐雾腐蚀老化 30 天的过程中，6 种涂层试件表面发射率变化较小，在初始发射率 ±0.01 范围内波动，可见涂层表面发射率基本不受盐雾腐蚀老化的影响。几种涂层表面发射率大小关系：溶剂型涂层 S > 水性聚氨酯涂层 WP > 水性丙烯酸涂层 WA。

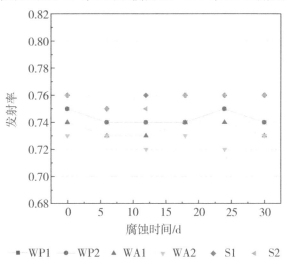

图 4 – 12　腐蚀时间与试件表面发射率关系

二、腐蚀时间对涂层表面太阳反射比的影响

使用分光光度计测量了不同腐蚀时间涂层试样 300 ~ 2500nm 波长范围的光谱反射比，并经太阳光谱能量积分得到太阳反射比。图 4 – 13 为各种涂层

试样不同腐蚀时间的光谱反射比，6 种涂层试件的光谱反射率变化基本集中在400～2500nm 范围内，对应可见光和近红外光波段。

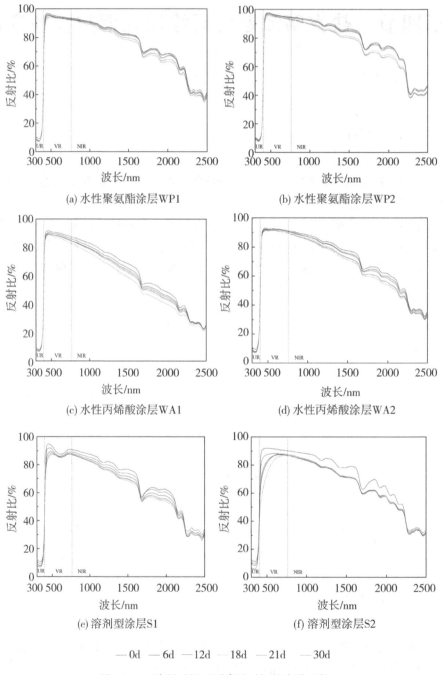

—0d —6d —12d —18d —21d —30d

图 4-13　涂层试样不同腐蚀时间的光谱反射比

水性聚氨酯涂层 WP1 和 WP2、水性丙烯酸涂层 WA1 和 WA2、溶剂型涂层 S1 和 S2 试件表面太阳反射比与腐蚀时间的关系如图 4-14，可以看出各涂层试样的太阳反射比随腐蚀时间增加而不断降低。这是因为建筑外表面防腐蚀涂层经历了盐雾腐蚀老化，导致涂层中的树脂受到太阳辐射尤其是紫外线作用发生光降解，涂层表面出现细微裂痕，且在干、湿循环和盐雾的作用下，涂层表面有盐沉积。水性聚氨酯涂层 WP1 和 WP2、水性丙烯酸涂层 WA1 和 WA2、溶剂型涂层 S1 和 S2 试件经 30 天盐雾老化腐蚀后太阳反射比分别降低了 2.4%、2.9%、6.1%、3.0%、5.2% 和 9.8%。与太阳反射比初始值相比，溶剂型涂层 S2 降低幅度最大，为 9.8%；水性丙烯酸涂层 WA1 和溶剂型涂层 S1 降幅居中，为 6.1% 和 5.2%；水性聚氨酯涂层 WP1、WP2 和水性丙烯酸涂层 WA2 降幅较小，分别为 2.4%、2.9%、3.0%。水性聚氨酯涂层 WP 和水性丙烯酸涂层 WA 中，初始太阳反射比较高的 WP2 和 WA2 在腐蚀后太阳反射比仍高于 WP1 和 WA1。太阳反射比初始值较高的溶剂型涂层 S2 在腐蚀后太阳反射比已经低于太阳反射比初始值最低的水性丙烯酸涂层 WA1，溶剂型涂层 S2 耐盐雾老化腐蚀性能最差。

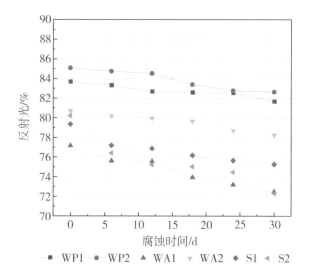

图 4-14 腐蚀时间与试件表面太阳反射比关系

对太阳反射比和腐蚀时间进行线性回归，结果如图 4-15 和表 4-3 所示。判定系数 R^2 均大于 0.67，表明太阳反射比与腐蚀时间线性关系较好，太阳反射比随腐蚀时间的增加而不断减小，降低速度大小关系：溶剂型涂层 S2 > 水性丙烯酸涂层 WA1 > 溶剂型涂层 S1 > 水性聚氨酯涂层 WP2 > 水性丙烯酸涂层 WA2 > 水性聚氨酯涂层 WP1。

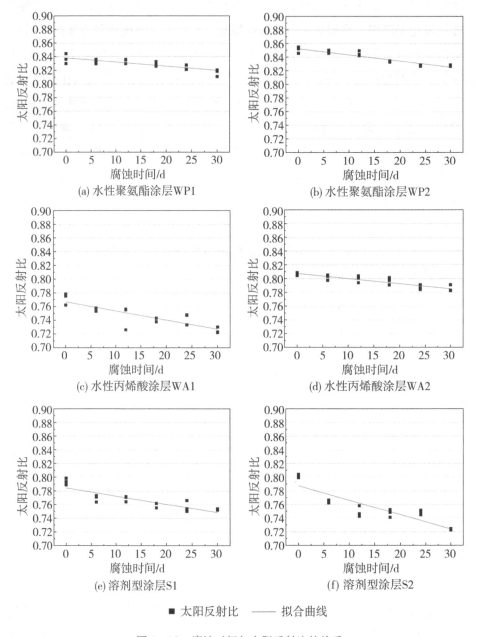

图 4 - 15   腐蚀时间与太阳反射比的关系

表 4 –3　太阳反射比与腐蚀时间的关系

试件	拟合方程	R^2
WP1	$\rho = -0.0006t + 0.8384$	0.67
WP2	$\rho = -0.0009t + 0.8523$	0.89
WA1	$\rho = -0.0013t + 0.7669$	0.71
WA2	$\rho = -0.0007t + 0.8075$	0.80
S1	$\rho = -0.0012t + 0.7846$	0.76
S2	$\rho = -0.0021t + 0.7874$	0.79

注：（1）WP、WA、S 分别代表水性聚氨酯涂层、水性丙烯酸涂层、溶剂型涂层；（2）1、2 分别表示设计耐候年限低和高。

本章通过盐雾腐蚀老化试验研究了盐雾腐蚀对水性聚氨酯涂层 WP、水性丙烯酸涂层 WA 和溶剂型涂层 S 试件表面热物性的影响，得出以下结论。

（1）各种涂层试件表面经盐雾腐蚀老化后均出现盐沉积，但盐沉积量并未随着腐蚀时间增加而变多，基本保持稳定。盐雾腐蚀老化 30 天的过程中，水性聚氨酯涂层 WP 试件有轻微变黄迹象，水性丙烯酸涂层 WA 试件变黄逐渐明显，溶剂型涂层 S 试件显著变黄且逐渐明显，亮度变暗。

（2）随着腐蚀时间增加，6 种涂层试样表面光泽度不断降低。光泽度降低程度：溶剂型涂层 S1 > 水性聚氨酯涂层 WP2 > 水性丙烯酸涂层 WA1 > 水性丙烯酸涂层 WA2 > 溶剂型涂层 S2 > 水性聚氨酯涂层 WP1。

（3）在盐雾腐蚀老化 30 天的过程中，6 种涂层试件表面发射率变化较小，在初始发射率 ±0.01 范围内波动，基本不受盐雾腐蚀老化时间的影响。几种涂层表面发射率大小关系：溶剂型涂层 S > 水性聚氨酯涂层 WP > 水性丙烯酸涂层 WA。

（4）盐雾腐蚀老化后，6 种涂层试件的光谱反射比变化基本集中在 400 ～ 2500nm 范围内，对应可见光和近红外光波段。

（5）6 种涂层太阳反射比与腐蚀时间线性关系较好，均为太阳反射比随腐蚀时间的增加而不断减小，拟合的相关系数 R^2 均大于 0.67。其中降低速度的大小关系：溶剂型涂层 S2 > 水性丙烯酸涂层 WA1 > 溶剂型涂层 S1 > 水性聚氨酯涂层 WP2 > 水性丙烯酸涂层 WA2 > 水性聚氨酯涂层 WP1。

第五章

盐雾腐蚀条件下
建筑涂层表面换热性能

建筑表面辐射换热系数、对流换热系数对于建筑能耗模拟至关重要，因此，基于典型气象条件下的建筑涂层腐蚀前后表面辐射换热系数、对流换热系数数据能在某种程度上修正受盐雾环境腐蚀后的建筑涂层表面换热系数数据，提高能耗模拟的准确性，使结果更接近真实盐雾腐蚀条件下的情况。虽然典型气象日条件的室外环境较难复现，但华南理工大学研制的热湿气候风洞实验台能较为准确地复现夏季典型气象日气候条件，能够为实验的开展提供良好的基础。

本章对水性聚氨酯涂层 WP1、水性丙烯酸涂层 WA1、溶剂型涂层 S2 腐蚀前后试件进行风洞实验，动态运行夏季典型日气象条件，对试件表面换热特性开展研究，从表面换热热流、表面换热系数和室外综合温度分析变化规律，并对比分析盐雾腐蚀老化对试件表面换热热流、换热系数、室外综合温度的影响。

第一节　建筑涂层表面换热系数风洞实验方法

一、 风洞实验平台

在自然环境中，建筑材料会受到各种气候条件的影响，例如太阳辐射、温湿度、风、雨、雪、结露等。实验中可以用太阳辐射照度、空气温度、相对湿度和风速等参数来综合控制、复现自然环境气候条件影响。表面换热实验所采用的实验平台为华南理工大学自主研发的热湿气候风洞试验台，通过在室内对这四种参数进行动态控制，模拟室外自然气候条件的动态变化，进而对建筑材料的传热、传湿性能及表面换热过程进行实验研究。

本文所用风洞为立式回流风洞，为使回流结构得到最大程度的利用，设计了两个试验段，第一试验段能够复现大陆和岛屿的热湿气候条件，用于研究不同气候条件下建筑材料、围护结构的传热传质性能，第二试验段则用于研究城市热岛效应和污染物扩散等不同尺度的环境问题[64]。

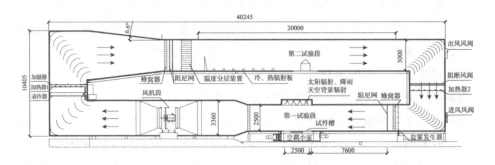

图 5 - 1　动态热湿气候风洞设计图[64]

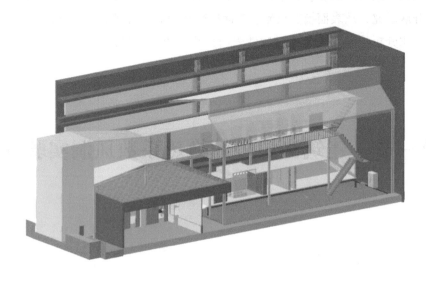

图 5 - 2　动态热湿气候风洞三维模型图[64]

　　风洞实验平台全面控制红外辐射灯、表冷器、加热器、蒸汽加湿器、转轮除湿器、变频轴流风机、风冷压缩冷凝机组和电加热器，使用传感器监测风洞内部的空气温度、相对湿度、太阳辐射、风速、空调小室温度，并传输给计算机系统，通过比较设定值和测量值即时调整设备，对风洞各参数进行闭环反馈控制，从而实现对室外气候条件的精确仿真。控制步长范围为 1 ～ 60min。此风洞实验平台可以模拟的环境辐射照度范围为 0 ～ 1000W/㎡，动态控制偏差≤5%；空气温度的模拟范围为 10 ～ 40℃，动态控制偏差≤0.5℃；环境相对湿度的控制范围为 40% ～ 98%，偏差≤5% RH；风速控制范围为 0.5 ～ 10.0m/s，动态控制偏差≤5%；空调小室温度控制范围为 16 ～ 30℃，恒定控制偏差≤0.3℃,风速≤0.5m/s。本文针对建筑涂层表面换热性能进行研究,因此使用第一试验段。

二、 表面换热系数风洞实验原理

本研究采用热平衡法对涂层试件表面换热系数进行实验。在试件外表面(位于风洞试验段的上表面)建立所需的室外气候条件,在试件内表面(与空调小室接触的下表面)营造室内温湿度环境,在达到试件的实验环境参数要求后测量试件外表面温度、空气温度,计算导热热流、长波辐射换热热流、短波辐射换热热流,利用表面热平衡方程式和牛顿冷却定律,分别计算出试件表面的长波辐射换热系数和对流换热系数。

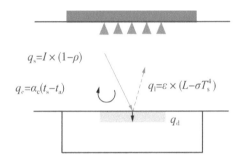

图 5 – 3 试件表面热平衡关系

建筑涂层试件表面热平衡方程式为

$$q_s + q_l + q_c + q_d = 0 \tag{5-1}$$

式中 q_s——试件表面净短波辐射换热热流(W/m^2);

  q_l——试件表面净长波辐射换热热流(W/m^2);

  q_c——试件表面对流换热热流(W/m^2);

  q_d——试件导热热流(W/m^2)。

(1)辐射换热

使用仪器可测得试样表面太阳反射比 ρ、试件表面受到的短波辐射热流 I,则试件外表面净短波辐射换热热流为

$$q_s = I \times (1 - \rho) \tag{5-2}$$

式中　I——试件外表面接收的短波辐射热流（W/m^2）；

　　　ρ——试件表面太阳反射比。

使用仪器可测得试件发射率 ε、试件表面接收的长波辐射热流 L，则试件外表面净长波辐射换热热流为[54]

$$q_1 = \varepsilon \times (L - \sigma T_s^4) \qquad (5-3)$$

式中　ε——试件表面发射率；

　　　σ——Stefan Boltzmann 常数，取 $5.67 \times 10^{-8} W/(m^2 \cdot K^4)$；

　　　T_s——试件表面温度（K）；

　　　L——试件表面接收的长波辐射热流（W/m^2）。

利用牛顿冷却定律，代入试件表面净长波辐射换热热流、试件表面温度和空气温度，可计算试件表面长波辐射换热系数

$$\alpha_r = \frac{q_1}{t_s - t_a} \qquad (5-4)$$

式中　α_r——试件表面长波辐射换热系数（$W \cdot m^{-2} \cdot K^{-1}$）；

　　　t_s——试件表面温度（℃）；

　　　t_a——空气温度（℃）。

（2）对流换热

通过对式（5-1）进行变换，由测得的净短波辐射换热热流、净长波辐射换热热流、导热热流可计算对流换热热流

$$q_c = -(q_s + q_1 + q_d) \qquad (5-5)$$

利用牛顿冷却定律，代入对流换热热流、试件表面温度和空气温度可计算得到试件表面对流换热系数

$$\alpha_c = \frac{q_c}{t_s - t_a} \qquad (5-6)$$

式中　α_c——试件表面对流换热系数（$W \cdot m^{-2} \cdot K^{-1}$）。

（3）室外综合温度

试件外表面换热系数 α_e 为长波辐射换热系数、对流换热系数之和[65]

$$\alpha_e = \alpha_r + \alpha_c \qquad (5-7)$$

式中　α_e——试件外表面换热系数（$W \cdot m^{-2} \cdot K^{-1}$）。

室外综合温度按下式计算[66]

$$t_{se} = t_a + \frac{q_s}{\alpha_e} \qquad (5-8)$$

式中 t_{se}——室外综合温度（℃）

实验中涉及到的主要仪器，以及其型号、参数量程、精度等如表5-1和图5-4所示。

表5-1 主要仪器列表

名称	型号	量程	精度
数字式半球辐射率测定仪	AE 型	$0 \sim 1$	± 0.01
长波辐射计	IR01	$4500 \sim 40000nm$ $-250 \sim 250W/m^2$	$\pm 2\%$
短波辐射计	SR01	$285 \sim 3000nm$ $0 \sim 2000\ W/m^2$	$\pm 10\ W/m^2$
热电偶	T 型	$-200 \sim 1200℃$	$\pm 0.5℃$
热流计		$-200 \sim 200kW/m^2$	$\pm 5\%$
数据采集仪	34970a	$100mV \sim 300V；\ -100 \sim 400℃$	$\pm 0.05\%$

(a) 辐射计   (b) 热电偶   (c) 热流计

图5-4 测试仪器

三、 针对风洞短波辐射灯的反射比转换

一般使用两个半球辐射计分别测量入射和反射的短波辐射，就可以精确地测量出材料表面的半球反射比（ASTM C1549-09）[67]。这种方法对材料的

尺寸和悬挂高度有要求，需通过角系数计算使半球辐射计接收的材料表面反射的短波辐射超过90%，本研究所用试件尺寸较小，在满足角系数要求的情况下，半球辐射计的悬挂高度极低会对试件本身造成遮挡，造成表面换热系数风洞实验的极大误差。

因此，考虑使用带有积分球的紫外/可见/近红外分光光度计测量材料表面太阳反射比的方法（ASTM E903 – 12）[68]，在300～2500nm范围内分别测量标准白板和试件的光谱反射比，将测量的光谱数据与 ASTM E891 – 87 中描述的空气质量1.5的太阳光谱辐照度进行加权，计算太阳反射比，如第四章第二节所述的方法。

通过比较太阳光谱和风洞短波辐射灯光谱的辐照度分布，如图5 – 5所示，可以发现风洞内短波辐射光源能量分布涵盖了太阳辐射的中短波及红外长波段，但仍与太阳辐射光谱能量分布存在一定差异，因而在风洞短波辐射光源辐照条件下太阳反射比并不适用，会造成较大实验误差。因此，在对分光光度计测得的光谱反射比积分得到近半球反射比时，使用风洞光源光谱能量分布，得到的就是针对风洞光源环境的反射比，此时得到的各换热系数实验结果是可靠且可行的。

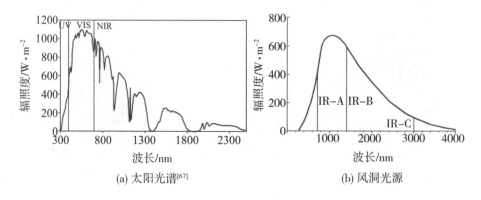

(a) 太阳光谱[67]　　　　　　　(b) 风洞光源

图5 – 5　光谱能量分布

第二节　建筑涂层表面动态换热性能实验方案

一、表面换热性能实验对象

选择水性聚氨酯涂层 WP1、水性丙烯酸涂层 WA1、溶剂型涂层 S2 腐蚀前和腐蚀 30 天后的试件各一块，共 6 块，分为三组，试件尺寸（长 × 宽）均为 150mm × 70mm。在热湿气候风洞内动态运行夏季典型日气象条件，进行表面换热性能实验，对比分析腐蚀对涂层试件表面换热热流和换热系数的影响，表 5 − 2 记录统计了实验试件表面反射比和发射率。

表 5 − 2　试件表面反射比和发射率

涂层种类	试件	风洞光源反射比	半球发射率
WP1	未腐蚀试件	0.7701	0.75
	腐蚀 30 天试件	0.7411	0.74
WA1	未腐蚀试件	0.6618	0.74
	腐蚀 30 天试件	0.5921	0.73
S2	未腐蚀试件	0.7316	0.76
	腐蚀 30 天试件	0.6766	0.75

注：（1）WP、WA、S 分别代表水性聚氨酯涂层、水性丙烯酸涂层、溶剂型涂层；（2）1、2 分别表示设计耐候年限低和高。

二、表面换热性能实验工况

为了解腐蚀前后试件动态逐时表面换热性能变化，选择夏季典型气象日气候条件，对 24 小时气候条件变化进行复现。以广州为例，选择广州的原因是南沙区为广州唯一的出海通道,有大量建设需求,但盐雾腐蚀对建筑外表面换热系数的影响还不明确。所用数据参考 JGJ 286—2013《城市居住区热环境设计标准》[69]中夏季典型气象日的逐时气象数据。图 5-6 为风洞内 0 时刻开始的广州夏季典型气象日工况温度、相对湿度、太阳辐射和风速的逐时变化数据,其中,空气温度在 25～32℃范围内变化、相对湿度在 64%～90% 范围内变化、太阳辐射在 0～600 W/m² 范围内变化、风速在 0.0～2.0m/s 范围内变化。实验开始时刻为 0:00,每组试件进行 24 小时风洞实验,以得到典型气象日气象参数下完整的换热系数数据。

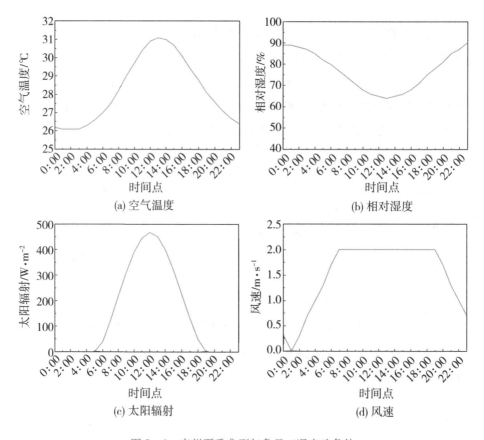

(a) 空气温度

(b) 相对湿度

(c) 太阳辐射

(d) 风速

图 5-6　广州夏季典型气象日工况实验条件

第三节　夏季典型日水性聚氨酯涂层换热性能

以下表面换热热流及换热系数分析中，均以试件得热为正方向，试件失热为负方向。

一、表面换热热流变化规律

水性聚氨酯涂层 WP1 腐蚀前后试件表面净辐射换热热流变化曲线如图 5-7 所示，从中可以看出腐蚀前后试件变化规律一致。该涂层腐蚀前试件表面净辐射换热热流变化范围为 16.6 ～ 135.1 W/m²，腐蚀后试件表面净辐射换热热流变化范围为 11.9 ～ 147.2 W/m²。表面净辐射换热热流 0：00—5：00 夜间主要为长波辐射，波动较小，腐蚀前试件平均数值为 17.5 W/m²，腐蚀后试件平均为 13.7 W/m²，减少了 21.7%。之后，在 5：00—19：00 日间，涂层试件受到太阳辐射变化的影响，此时主要为短波辐射，涂层试件吸收大量热量，

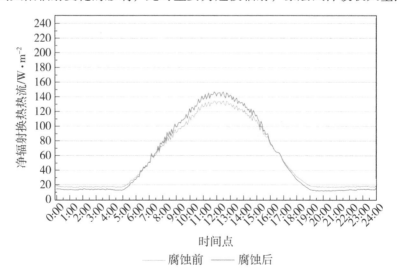

图 5-7　WP1 试件表面净辐射热流

净辐射换热热流有较大波动。具体表现为在上午 5：00—12：00 时间段内净辐射换热热流随着太阳辐射增大而不断增大，在中午 12：00 前后达到最大值，腐蚀前后试件分别为 135.1 W/m² 和 147.2 W/m²，增加了 9%。在此期间，腐蚀后试件换热热流比腐蚀前试件高，原因是水性聚氨酯涂层试件在盐雾腐蚀老化后反射比由 0.7701 减少为 0.7411，腐蚀后涂层吸收了更多的太阳辐射。而在下午 12：00—19：00 时间段内净辐射换热热流随着太阳辐射减小而不断减小。从 19：00 后的工况可以看出太阳辐射为 0 W/m²，此时主要为长波辐射，趋于平稳，腐蚀前后试件净辐射换热热流分别为 17.5 W/m² 和 12.9 W/m²，减少了 26.3%。夜晚时段腐蚀后的涂层试件净辐射换热热流高于腐蚀前试件。

水性聚氨酯涂层 WP1 腐蚀前后试件表面导热热流变化曲线如图 5-8 所示，试件表面导热热流均为负值，即试件表面失热，由试件表面流向试件内部，腐蚀前后试件变化趋势较为一致。该涂层腐蚀前试件表面导热热流变化范围为 -115.5 ~ -28.1 W/m²，腐蚀后试件表面导热热流变化范围为 -105.7 ~ -32.5 W/m²。具体来说，在 0：00—5：00 时间段内，该涂层腐蚀前后试件表面导热热流在 -31.0 W/m² 和 -36.0 W/m² 附近波动。5：00—12：00 间导热热流数值不断增大，在 12：00 前后达到峰值，分别为 -115.0 W/m² 和 -105.7 W/m²，减少了 8.07%。之后导热热流数值不断减小，在 21：00 前后达到最小，腐蚀前后试件分别为 -28.1 W/m² 和 -32.5 W/m²。

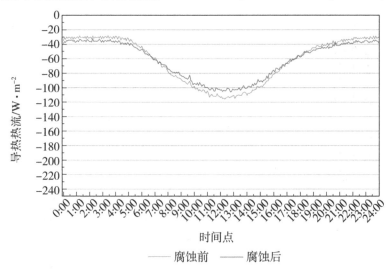

图 5-8　WP1 试件表面导热热流

通过热平衡法公式(5-4)计算，得到对流换热热流并进行汇总统计，得到水性聚氨酯涂层试件表面对流换热热流变化曲线，如图 5-9 所示。可以看出腐蚀前后试件变化趋势相同，该涂层腐蚀前试件表面对流换热热流变化范围为 $-24.2 \sim 26.9\ \mathrm{W/m^2}$，腐蚀后试件表面对流换热热流变化范围为 $-46.3 \sim 34.9\ \mathrm{W/m^2}$。由于对流换热热流是通过热平衡法由净辐射换热热流和导热热流计算得到的，而腐蚀前后试件表面导热热流相比净辐射换热热流较小，故其主要受辐射换热热流变化影响。具体来说，在 0：00—5：00 时间段内腐蚀前后试件对流换热热流为正值，变化较为平稳，腐蚀后试件对流换热热流略有减少趋势，腐蚀前后试件约为 $13.6\ \mathrm{W/m^2}$ 和 $22.3\ \mathrm{W/m^2}$，增加了 64.0%，之后，在 5：00 开始有太阳辐射后对流换热热流迅速下降，在 7：40 前后变为负值，即试件表面向外对流散热，并在 12：00 前后达到峰值，腐蚀前后试件对流换热热流分别为 $-24.2\ \mathrm{W/m^2}$ 和 $-46.3\ \mathrm{W/m^2}$，数值增加了 91.3%。在太阳辐射减少之后对流换热热流数值逐渐减少，在 16：10 后变为正值，有小幅度增加，19：00 时腐蚀前后试件分别为 $26.3\ \mathrm{W/m^2}$ 和 $34.7\ \mathrm{W/m^2}$。这是因为导热热流数值减少滞后于辐射换热热流，试件表面温度下降较少。在 22：00 后变化趋于平稳，腐蚀前后试件对流换热热流分别为 $13.8\ \mathrm{W/m^2}$ 和 $23.0\ \mathrm{W/m^2}$。在 7：00—19：00 时间段内风速始终为 2m/s，对流换热热流主要受太阳辐射的影响。

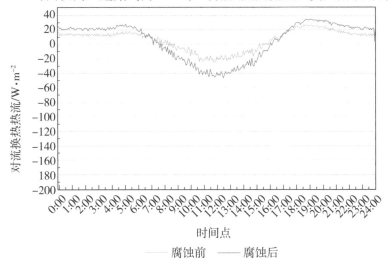

图 5-9　WP1 试件表面对流换热热流

二、 表面换热系数变化规律

根据前文表面换热系数实验原理，表面换热系数是由测得的换热热流除以试件外表面温度与实验段空气温度的温度差得到。由于夜间会出现温度交叉，即没有太阳辐射后，试件外表面温度会从白天高于试验段空气温度逐渐降低至低于试验段空气温度，或从开始有太阳辐射后并升温时，出现试件外表面温度与试验段空气温度十分接近的情况，此时温差极小，求出的换热系数很大，实验结果有较大偏差。为减少波动和温差小带来的影响，对换热系数取小时平均值，即利用每小时换热热流的平均值除以该小时内温差的平均值。然而，在温度交叉的一个小时内温差普遍较小，还是会出现极大值，因此为保证所分析的换热系数有价值，以下换热系数图中仅显示合理范围的值。

图5-10为试件外表面温度和试验段空气温度变化图，用于综合分析换热系数变化的原因。可以发现，腐蚀后试件始终比腐蚀前试件表面温度高，日间最大温差为0.4℃，夜间最大温差为1.2℃。这是因为日间太阳辐射占主导，表面温度受反射比的影响；夜间无太阳辐射，长波辐射占主导，表面温度主要受发射率影响，此时净辐射换热热流和导热热流均较小，导致发射率差异放大。

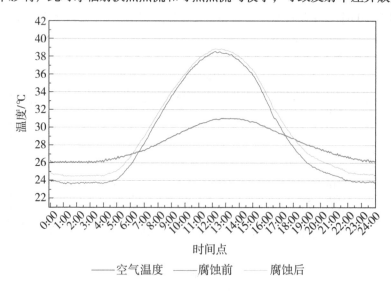

图5-10 WP1试件外表面温度和试验段空气温度变化

水性聚氨酯涂层 WP1 腐蚀前后试件表面辐射换热系数变化曲线如图 5 - 11 所示，腐蚀前后试件变化趋势接近。该涂层腐蚀前试件表面辐射换热系数变化范围为 -20.5 ～ 13.7 W/(m² · K)，腐蚀后试件表面辐射换热系数变化范围为 -15.7 ～ 12.1 W/(m² · K)。

具体来说，实验开始的前 5 个小时内长波辐射热流很小，外表面温度和试验段空气温度温差基本不变，因此辐射换热系数比较稳定，腐蚀前后试件分别约为 -7.0 W/(m² · K) 和 -8.3 W/(m² · K)，数值增加了 18.6%。之后 5:00 太阳辐射开始出现，净长波辐射热流逐渐增加，试件表面温度与空气温度的温差较小，此时辐射换热系数出现较大值。到了 8:00—15:00 时间段，腐蚀前后试件表面换热系数均有先减小后增大的趋势，腐蚀前试件系数在 2.8 ～ 6.8 W/(m² · K) 范围内变化，腐蚀后试件系数在 2.1 ～ 5.3 W/(m² · K) 范围内变化，减少了 0.7 ～ 1.5 W/(m² · K)。而在 17:00—18:00 温差较小时，辐射换热系数出现较大值。19:00 后的夜间，腐蚀前后试件换热系数均趋于稳定，在 -7.0 ～ -8.8 W/(m² · K) 范围间，数值增加了 25.7%。夜间腐蚀后试件温差更小，因而辐射换热系数数值更大。

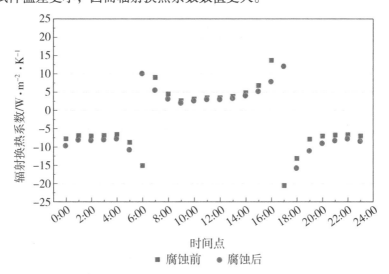

图 5 - 11　WP1 试件表面辐射换热系数

水性聚氨酯涂层 WP1 腐蚀前后试件表面对流换热系数变化曲线如图 5 - 12 所示，由热平衡方程计算出的对流换热系数多为负值且变化趋势相近，除温差较小的时段，腐蚀后试件对流换热系数数值均大于腐蚀前试件。该涂层腐蚀前试件表面对流换热系数变化范围为 $-20.7 \sim 4.3\ \text{W}/(\text{m}^2 \cdot \text{K})$，腐蚀后试件表面对流换热系数变化范围为 $-33.4 \sim 13.9\ \text{W}/(\text{m}^2 \cdot \text{K})$。

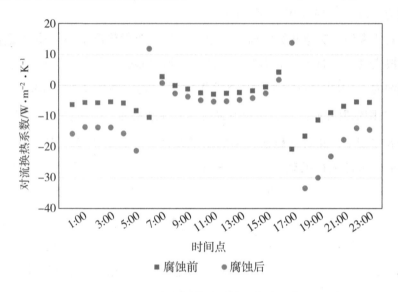

图 5 – 12　WP1 试件表面对流换热系数

　　具体分析，在实验刚开始的 0：00—4：00 时间段内，腐蚀前试件对流换热系数比较稳定，约为 $-5.7\ \text{W}/(\text{m}^2 \cdot \text{K})$，腐蚀后试件系数值有减小的趋势。在 2：00—4：00 时间段内较稳定时，数值为 $-13.7\ \text{W}/(\text{m}^2 \cdot \text{K})$，数值增加了 140.4%。而在之后两小时内试件外表面温度和空气温度温差由负值变为正值，对流换热热流则由正值变为负值，腐蚀前后试件系数均短暂出现正值。而在日间 8：00—15：00 时间段内，腐蚀前后试件表面对流换热系数呈现先增大后减小趋势，分别在 $-2.8 \sim -0.1\ \text{W}/(\text{m}^2 \cdot \text{K})$ 和 $-5.3 \sim -2.6\ \text{W}/(\text{m}^2 \cdot \text{K})$ 范围内变化，数值增加了 $2.1 \sim 2.6\ \text{W}/(\text{m}^2 \cdot \text{K})$。在 12：00 前达到最大值，腐蚀前后试件对流换热系数为 $-2.8\ \text{W}/(\text{m}^2 \cdot \text{K})$ 和 $-5.3\ \text{W}/(\text{m}^2 \cdot \text{K})$，数值增加了 89.3%。在此之后，对流换热系数缓慢减小，在 17：00—18：00 时间段内两者外表面温度和空气温度温差较小，且对流换热热流变为正值，对流换热系数短暂出现正值。进入夜间后换热热流和温差趋于稳定，两者对流换热系数分别为 $-5.4\ \text{W}/(\text{m}^2 \cdot \text{K})$ 和 $-14.2\ \text{W}/(\text{m}^2 \cdot \text{K})$，增加了 163.0%。具体换热系数数值见表 5 – 3。

表5-3　换热系数逐时值

时间	腐蚀前试件换热系数/W·m⁻²·K⁻¹		腐蚀后试件换热系数/W·m⁻²·K⁻¹	
	辐射	对流	辐射	对流
0：00—1：00	-7.7	-6.3	-9.6	-15.8
1：00—2：00	-6.9	-5.5	-8.0	-13.5
2：00—3：00	-7.0	-5.6	-8.2	-13.7
3：00—4：00	-6.8	-5.3	-8.0	-13.7
4：00—5：00	-6.6	-5.7	-7.7	-15.6
5：00—6：00	-8.7	-8.2	-10.7	-21.2
6：00—7：00	-15.1	-10.4	10.1	11.9
7：00—8：00	9.1	2.9	5.6	0.8
8：00—9：00	4.5	-0.1	3.2	-2.6
9：00—10：00	2.7	-1.1	2.1	-3.7
10：00—11：00	3.1	-2.4	2.7	-4.8
11：00—12：00	3.5	-2.8	3.0	-5.3
12：00—13：00	3.5	-2.5	3.0	-5.1
13：00—14：00	3.8	-2.3	3.3	-4.7
14：00—15：00	4.8	-1.7	4.1	-4.1
15：00—16：00	6.8	-0.5	5.3	-2.6
16：00—17：00	13.7	4.3	7.9	1.8
17：00—18：00	-20.5	-20.7	12.1	13.9
18：00—19：00	-13.1	-16.5	-15.7	-33.4
19：00—20：00	-7.8	-11.2	-11.0	-30.0
20：00—21：00	-7.0	-8.9	-8.9	-23.1
21：00—22：00	-6.7	-6.7	-8.2	-17.7
22：00—23：00	-6.6	-5.3	-7.7	-13.9
23：00—0：00	-7.0	-5.5	-8.3	-14.4

三、　室外综合温度变化规律

水性聚氨酯涂层WP1腐蚀前后试件室外综合温度变化如图5-13所示，腐蚀前后试件综合温度均有先增大后减小的趋势。该涂层腐蚀前试件室外综合温度在 25.2～48.7℃ 范围内变化，腐蚀后试件在 25.9～45.9℃ 范围内变化。在 0：00—6：00 时间段和 21：00—0：00 时间段内腐蚀后试件室外综合温度高于腐蚀前试件，增加幅度在 0.1～2.1℃ 内变化，然而在 6：00—21：00 时间段内腐蚀后试件室外综合温度低于腐蚀前试件，减小幅度在 0.1～3.7℃ 内变化。

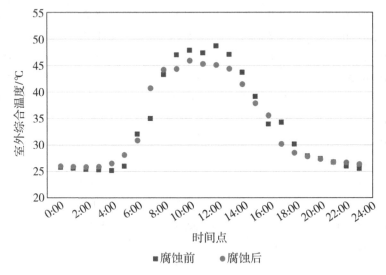

图 5 - 13　WP1 试件腐蚀前后室外综合温度变化

第四节　夏季典型日水性丙烯酸涂层换热性能

一、表面换热热流变化规律

水性丙烯酸涂层 WA1 腐蚀前后试件表面净辐射换热热流变化曲线如图 5 -14 所示，可知，腐蚀前后试件变化规律一致。该涂层腐蚀前后试件表面净辐射换热热流变化范围分别为 17.3～184.4 W/m² 和 11.0～209.9 W/m²。净辐射换热热流在夜间 0：00—5：00 时间段内波动较小，腐蚀前后试件平均数值分别为18.5 W/m² 和 12.6 W/m²，减少了31.9%。而在 5：00—19：00 时间段内，换热热流呈现先增大后减小趋势，在中午 12：00 前后达到最大值，腐蚀前后试件分别为 184.4 W/m² 和 209.9 W/m²，增加了 13.8%。19：00 后没有太阳辐射，数值趋于平稳，腐蚀前后试件分别为 18.8 W/m² 和 12.4 W/m²，减少了 34.0%。水性丙烯酸净辐射换热热流变化趋势与水性聚氨酯涂层类似。

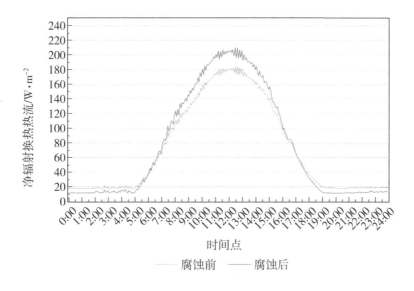

图 5-14　WA1 试件表面净辐射热流

水性丙烯酸涂层 WA1 腐蚀前后试件表面导热热流变化曲线如图 5-15 所示，试件表面导热热流均为负值，腐蚀前后试件变化趋势较为一致。该涂层腐蚀前后试件表面导热热流分别在 -125.4 ～ -25.4 W/m² 和 -114 ～ -32.1 W/m² 范围内变化。具体来说，在 0：00—5：00 时间段内，该涂层腐蚀前后试件表面导热热流在 -28.1 W/m² 和 -34.3 W/m² 附近波动。5：00—12：00 导热热流数值不断增大，在 12：00 前后达到峰值，分别为 -125.4 W/m² 和 -114 W/m²，数值减小了 9.1%。在此之后导热热流数值不断减小，在 21：00 前后达到最小，腐蚀前后试件数值分别为 -25.4 W/m² 和 -32.1 W/m²。

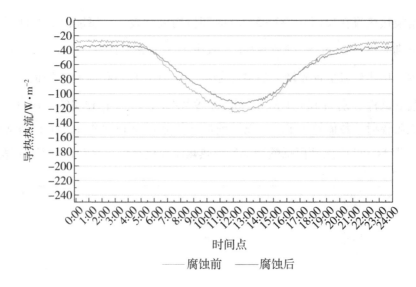

图 5 – 15 WA1 试件表面导热热流

水性丙烯酸涂层 WA1 试件表面对流换热热流变化曲线如图 5 – 16 所示,腐蚀前后试件变化趋势类似。该涂层腐蚀前后试件表面对流换热热流变化范围分别为 –61.6~25.1 W/m² 和 –97.5~36.0 W/m²。在 0:00—5:00 时间段内,腐蚀前后试件对流换热热流为正值,变化较为平稳,腐蚀后试件略有减

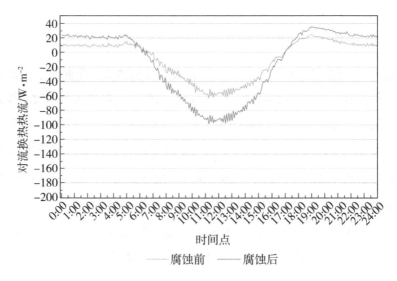

图 5 – 16 WA1 试件表面对流换热热流

小趋势，腐蚀前后试件数值约为 9.7 W/m² 和 21.8 W/m²，增加了 124.7%。之后，自 5:00 开始有太阳辐射后，数值迅速下降，在 6:40 前后变为负值，即试件表面向外对流散热，在 12:30 前后达到峰值，腐蚀前后试件数值分别为 -61.0 W/m² 和 -97.5 W/m²，数值增加了 59.8%。在太阳辐射减弱后，对流换热热流数值逐渐减小，在 17:00 后变为正值，有小幅度增加，19:00 时腐蚀前后试件数值分别为 25.1 W/m² 和 36.0 W/m²，在 22:00 后，数值趋于平稳。

二、 表面换热系数变化规律

图 5-17 为水性丙烯酸涂层 WA1 试件外表面温度和试验段空气温度变化图，以此来综合温度和热流因素分析换热系数变化的原因。可以发现，腐蚀后试件始终比腐蚀前试件表面温度高，最大温差可达 1.6℃。

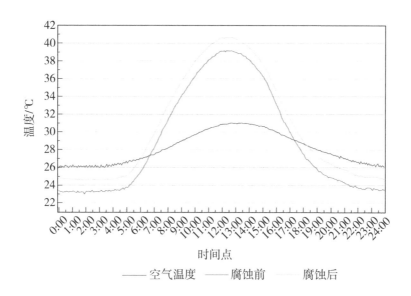

图 5-17 WA1 试件表面温度和试验段空气温度变化

水性丙烯酸涂层 WA1 腐蚀前后试件表面辐射换热系数变化曲线如图 5-18 所示，可见，腐蚀前后试件变化趋势相似。该涂层腐蚀前试件表面辐射换热系数变化范围为 -12.3 ~ 20.9 W/(m²·K)，腐蚀后试件表面辐射换热系数

含盐条件建筑材料热工性能

变化范围为 $-13.4 \sim 9.6 W/(m^2 \cdot K)$。

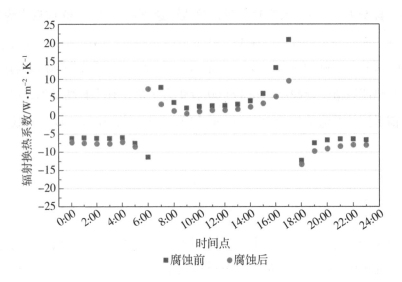

图 5-18　WA1 试件表面辐射换热系数

0：00—5：00 时间段内辐射换热系数较小且比较稳定，腐蚀前后试件分别约为 $-6.1 W/(m^2 \cdot K)$ 和 $-7.5 W/(m^2 \cdot K)$，数值增加了 23.0%。到了 8：00—15：00 时间段，腐蚀前后试件辐射换热系数均有先减小后增大的趋势，腐蚀前试件系数在 $2.1 \sim 6.1 W/(m^2 \cdot K)$ 内波动，腐蚀后试件系数在 $0.6 \sim 3.4 W/(m^2 \cdot K)$ 内波动，减少了 $1.2 \sim 2.7 W/(m^2 \cdot K)$。5：00—8：00 和 17：00—18：00 时间段内，温差较小，辐射换热系数出现较大值。19：00 后的夜间两者系数均趋于稳定，在 $-6.7 W/(m^2 \cdot K)$ 和 $-8.6 W/(m^2 \cdot K)$ 左右变动，数值增加了 28.4%。水性丙烯酸涂层试件辐射换热系数变化趋势与水性聚氨酯涂层试件相似。

水性丙烯酸涂层 WA1 腐蚀前后试件表面对流换热系数变化曲线如图 5-19 所示，由热平衡方程计算出的对流换热系数多为负值，且变化趋势接近，除温差较小的时段，腐蚀后试件对流换热系数数值均大于腐蚀前试件。该涂层腐蚀前后试件表面对流换热系数分别在 $-12.1 \sim 10.0 W/(m^2 \cdot K)$ 和 $-29.4 \sim 7.4 W/(m^2 \cdot K)$ 之间变化。在夜间 0：00—4：00 时间段内腐蚀前试件对流换热系数比较稳定，约为 $-3.4 W/(m^2 \cdot K)$，腐蚀后试件在 3：00—4：00

114

较稳定,为 $-14.1\,\mathrm{W/(m^2\cdot K)}$,增加了 314.7%。而在日间 7:00—15:00 时间段内腐蚀前后试件表面对流换热系数值有先增大后减小趋势,分别在 $-7.1\sim-5.4\,\mathrm{W/(m^2\cdot K)}$ 和 $-9.7\sim-8.4\,\mathrm{W/(m^2\cdot K)}$ 范围内变化,数值增加了 $0.0\sim3.4\,\mathrm{W/(m^2\cdot K)}$,在 12:00 前达到时间段内最大值,腐蚀前后试件对流换热系数为 $-7.1\,\mathrm{W/(m^2\cdot K)}$ 和 $-9.7\,\mathrm{W/(m^2\cdot K)}$,增加了 36.6%。在 6:00—7:00 和 17:00—18:00 时间段内温差较小,对流换热系数短暂出现正值。进入夜间 21:00 后腐蚀前后试件对流换热系数分别为 $-3.8\,\mathrm{W/(m^2\cdot K)}$ 和 $-15.6\,\mathrm{W/(m^2\cdot K)}$,数值增加了 310.5%。水性丙烯酸涂层对流换热系数变化趋势与水性聚氨酯涂层相似。具体换热系数数值见表 5-4。

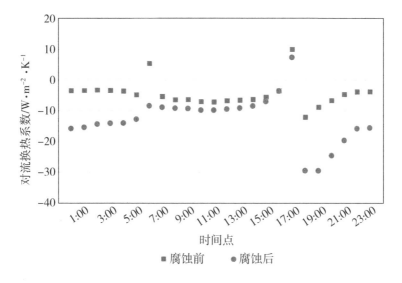

■ 腐蚀前 ● 腐蚀后

图 5-19 WA1 试件表面对流换热系数

表 5-4 换热系数逐时值

时间	腐蚀前试件换热系数/$\mathrm{W\cdot m^2\cdot K^{-1}}$		腐蚀后试件换热系数/$\mathrm{W\cdot m^2\cdot K^{-1}}$	
	辐射	对流	辐射	对流
0:00—1:00	-6.2	-3.4	-7.3	-15.7
1:00—2:00	-6.0	-3.4	-7.5	-15.3
2:00—3:00	-6.2	-3.3	-7.7	-14.3
3:00—4:00	-6.2	-3.4	-7.7	-14.0

时间	腐蚀前试件换热系数/W·m²·K⁻¹		腐蚀后试件换热系数/W·m²·K⁻¹	
	辐射	对流	辐射	对流
4：00—5：00	−6.0	−3.6	−7.2	−14.0
5：00—6：00	−7.6	−4.8	−8.5	−12.7
6：00—7：00	−11.4	5.4	7.3	−8.3
7：00—8：00	7.7	−5.4	3.1	−8.8
8：00—9：00	3.6	−6.4	1.3	−9.1
9：00—10：00	2.1	−6.4	0.6	−9.2
10：00—11：00	2.6	−7.0	1.2	−9.7
11：00—12：00	2.7	−7.1	1.5	−9.7
12：00—13：00	2.8	−6.7	1.5	−9.4
13：00—14：00	3.1	−6.5	1.8	−9.0
14：00—15：00	4.1	−6.3	2.4	−8.4
15：00—16：00	6.1	−5.6	3.4	−6.9
16：00—17：00	13.2	−3.5	5.3	−3.5
17：00—18：00	20.9	10.0	9.6	7.4
18：00—19：00	−12.3	−12.1	−13.4	−29.4
19：00—20：00	−7.5	−8.8	−9.7	−29.4
20：00—21：00	−6.6	−6.7	−9.0	−24.5
21：00—22：00	−6.4	−4.7	−8.4	−19.5
22：00—23：00	−6.4	−3.8	−8.0	−15.7
23：00—0：00	−6.6	−3.8	−8.0	−15.4

三、 室外综合温度变化规律

水性丙烯酸 WA1 腐蚀前后试件室外综合温度变化如图 5－20 所示。该涂层腐蚀前试件室外综合温度在 25.8 ～ 47.6℃ 范围内变化，腐蚀后试件在 25.9 ～ 46.8℃ 范围内变化。腐蚀前后试件综合温度均有先增大后减小的趋势。腐蚀后试件夜间室外综合温度高于腐蚀前试件，增加幅度为 0.1 ～ 2.0℃，日间低于后者，减小幅度为 0.7 ～ 3.6℃。

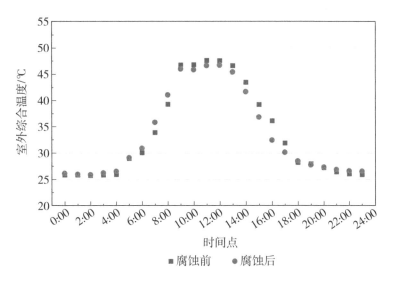

图 5 – 20　WA1 试件腐蚀前后室外综合温度变化

第五节　夏季典型日溶剂型涂层换热性能

一、表面换热热流变化规律

溶剂型涂层 S2 腐蚀前后试件表面净辐射换热热流变化曲线如图 5 – 21 所示，腐蚀前后试件变化规律相似。该涂层腐蚀前后试件表面净辐射换热热流变化范围分别为 15.5 ~ 147.2 W/m^2 和 10.5 ~ 167.9 W/m^2。在夜间 0：00—5：00 时段内数值波动较小，腐蚀前后试件平均数值分别为 16.7 W/m^2 和 12.4 W/m^2，减少了 25.7%。在 5：00—19：00 时间段内数值先增大后减小，在中午 12：00 前后达到最大值，腐蚀前后试件数值分别为 147.2 W/m^2 和 167.9 W/m^2。在19：00 之后趋于平稳，腐蚀前后试件分别为 18.1 W/m^2 和 12.9 W/m^2，减少了 28.7%。

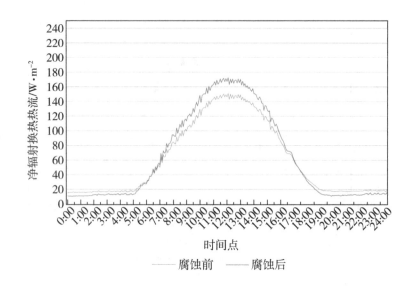

图 5 - 21 S2 试件表面净辐射热流

溶剂型涂层 S2 腐蚀前后试件表面导热热流变化曲线如图 5 - 22 所示，试件表面导热热流均为负值，腐蚀前后试件变化趋势较为一致。该涂层腐蚀前后试件表面导热热流变化范围为 $-118.2 \sim -25.8 \ \text{W/m}^2$ 和 $-110 \sim -32.4 \ \text{W/m}^2$。具体来说，在 0：00—5：00 时间段内，腐蚀前后试件导热热流约为 $-28.7 \ \text{W/m}^2$ 和 $-35.7 \ \text{W/m}^2$，之后在 5：00—21：00 时间段内该数值先增大后减小，在

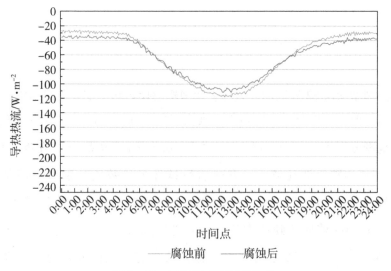

图 5 - 22 S2 试件表面导热热流

12：00 前后达到峰值，分别为 $-118.2\ \text{W/m}^2$ 和 $-110\ \text{W/m}^2$，减少了 6.9%。在 21：00 前后达到最小，腐蚀前后试件分别为 $-25.8\ \text{W/m}^2$ 和 $-32.4\ \text{W/m}^2$。

溶剂型涂层试件 S2 表面对流换热热流变化曲线如图 5-23，可知，腐蚀前后试件变化趋势相似。该涂层腐蚀前后试件表面导热热流变化范围为 $-37.2 \sim 24.9\ \text{W/m}^2$ 和 $-66.8 \sim 36.3\ \text{W/m}^2$。在 0：00—5：00 时间段内，腐蚀前试件对流换热热流为正值，表现较为平稳，腐蚀后试件略有减小趋势，腐蚀前后试件数值约为 $12.0\ \text{W/m}^2$ 和 $23.2\ \text{W/m}^2$，增加了 93.3%。在 7：00—17：00 时段内，数值先增大后减小。在 12：00 前后达到极大值，腐蚀前后试件数值分别为 $-37.2\ \text{W/m}^2$ 和 $-66.8\ \text{W/m}^2$，增加了 79.6%。在 22：00 后数值趋于平稳，腐蚀前后试件数值分别为 $11.5\ \text{W/m}^2$ 和 $23.7\ \text{W/m}^2$。

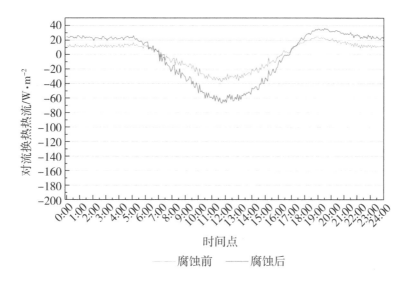

图 5-23　S2 试件表面对流换热热流

二、　表面换热系数变化规律

图 5-24 为溶剂型涂层 S2 试件外表面温度和试验段空气温度变化图，可以发现，腐蚀后试件始终比腐蚀前试件表面温度高，日间最大温差可达 0.9℃，夜间最大温差 1.2℃。

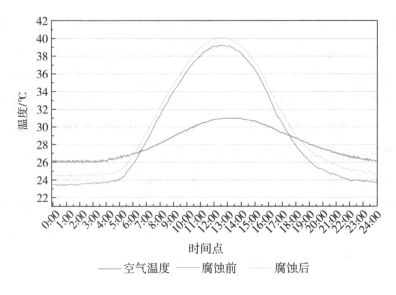

图 5 - 24　S2 试件表面温度和试验段空气温度变化

　　溶剂型涂层 S2 腐蚀前后试件表面辐射换热系数变化曲线如图 5 - 25 所示，腐蚀前后试件变化趋势较为一致。该涂层腐蚀前试件表面辐射换热系数在 -14.9～20.7 W/（m² · K）内变化，腐蚀后试件辐射换热系数在 -15.8～9.9 W/（m² · K）范围内变化。在 0∶00—5∶00 时间段内腐蚀前后试件辐射换热

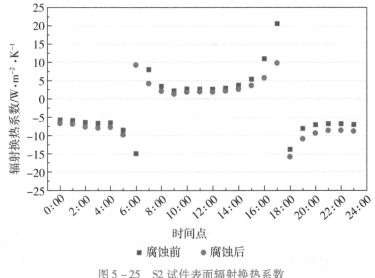

图 5 - 25　S2 试件表面辐射换热系数

系数分别约为 $-6.2\,W/(m^2 \cdot K)$ 和 $-7.3\,W/(m^2 \cdot K)$，数值增加了17.7%。之后，在6:00—8:00 和 17:00—18:00 时间段内温差较小，辐射换热系数偏大。而在8:00—15:00 时间段，腐蚀前后试件辐射换热系数均有先减小后增大的变化规律，腐蚀前后试件辐射换热系数分别在 $2.7 \sim 5.5\,W/(m^2 \cdot K)$ 和 $1.9 \sim 3.7\,W/(m^2 \cdot K)$ 范围内变化，减小了 $0.8 \sim 1.7\,W/(m^2 \cdot K)$。在没有太阳辐射的 19:00 后，辐射换热系数趋于稳定，数值在 $-7.1\,W/(m^2 \cdot K)$ 和 $-9.2\,W/(m^2 \cdot K)$ 左右，增加了29.6%。

溶剂型涂层 S2 腐蚀前后试件表面对流换热系数变化曲线如图 5-26 所示，对流换热系数多为负值，腐蚀前后试件变化趋势相近，除温差较小的时段，腐蚀后试件对流换热系数数值均大于腐蚀前试件，该涂层腐蚀前后试件表面对流换热系数变化范围分别为 $-12.1 \sim 10.0\,W/(m^2 \cdot K)$ 和 $-29.4 \sim 7.4\,W/(m^2 \cdot K)$。

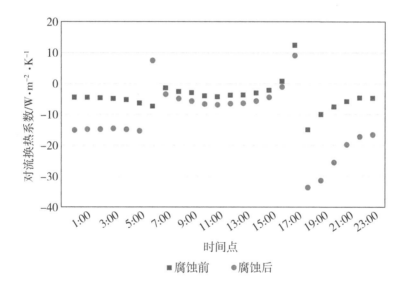

图 5-26　S2 试件表面对流换热系数

在 0:00—4:00 时间段内，腐蚀前后试件对流换热系数比较稳定，分别为 $-4.7\,W/(m^2 \cdot K)$ 和 $-14.9\,W/(m^2 \cdot K)$，数值增加了217.0%。而在 7:00—17:00 时间段内，腐蚀前后试件表面对流换热系数值呈现先增大后减小的趋势，分别在 $-4.2 \sim 0.8\,W/(m^2 \cdot K)$ 和 $-6.9 \sim -1.1\,W/(m^2 \cdot K)$ 范围内变化，数值增加了 $2.1 \sim 2.8\,W/(m^2 \cdot K)$。在 12:00 后达到最大值，腐蚀

含盐条件建筑材料热工性能

前后试件对流换热系数为 $-4.2\,W/(m^2 \cdot K)$ 和 $-6.9\,W/(m^2 \cdot K)$，数值增加了 64.3%。在 5：00—7：00 和 17：00—18：00 时间段内温差较小，对流换热系数短暂出现正值和极大值，夜间两者对流换热系数分别为 $-4.6\,W/(m^2 \cdot K)$ 和 $-17.0\,W/(m^2 \cdot K)$，数值增加了 269.6%。具体换热系数数值如表 5-5 所示。

表5-5　换热系数逐时值

时间	腐蚀前试件换热系数/$W \cdot m^{-2} \cdot K^{-1}$		腐蚀后试件换热系数/$W \cdot m^{-2} \cdot K^{-1}$	
	辐射	对流	辐射	对流
0：00—1：00	-5.8	-4.4	-6.6	-15.2
1：00—2：00	-5.9	-4.4	-6.8	-14.9
2：00—3：00	-6.4	-4.6	-7.6	-14.9
3：00—4：00	-6.6	-4.8	-7.9	-14.6
4：00—5：00	-6.5	-5.2	-7.7	-14.9
5：00—6：00	-8.5	-6.3	-9.8	-15.4
6：00—7：00	-14.9	-7.3	9.4	7.5
7：00—8：00	8.1	-1.4	4.3	-3.5
8：00—9：00	3.5	-2.5	2.2	-4.9
9：00—10：00	2.3	-2.9	1.4	-5.7
10：00—11：00	2.8	-3.9	2.0	-6.6
11：00—12：00	2.8	-4.2	2.0	-6.9
12：00—13：00	2.7	-3.7	1.9	-6.5
13：00—14：00	3.0	-3.6	2.2	-6.4
14：00—15：00	3.8	-3.0	2.7	-5.6
15：00—16：00	5.5	-2.1	3.7	-4.4
16：00—17：00	11.0	0.8	5.9	-1.1
17：00—18：00	20.7	12.5	9.9	9.1
18：00—19：00	-13.8	-14.9	-15.8	-33.8
19：00—20：00	-8.1	-10.0	-10.9	-31.5
20：00—21：00	-7.0	-7.5	-9.3	-25.6
21：00—22：00	-6.8	-5.8	-8.6	-19.8
22：00—23：00	-6.8	-4.6	-8.6	-17.3
23：00—0：00	-7.0	-4.7	-8.8	-16.6

三、 室外综合温度变化规律

溶剂型涂层 S2 腐蚀前后试件室外综合温度变化如图 5 - 27 所示,腐蚀前后均呈先增大后减小的趋势。该涂层腐蚀前后试件室外综合温度在 25.5 ~ 50.0℃和 26.0 ~ 48.3℃范围内变化。夜间腐蚀后试件室外综合温度高于腐蚀前试件,增加幅度变化范围为 0.1 ~ 0.5℃,日间则低于腐蚀前试件,减小幅度在 0.3 ~ 1.6℃内。

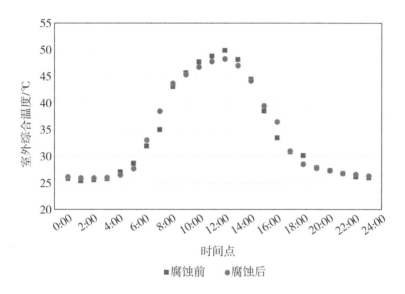

图 5 - 27　S2 试件腐蚀前后室外综合温度变化

第六章

盐雾气候下
建筑玻璃表面盐分沉积特性

第一节 玻璃加速盐雾试验方法

一、 加速盐雾试验材料准备

为了使试验结果具有代表性，试验选取市场上常用的建筑玻璃种类，分别为 6 mm 白玻 + 12 mm 空气 + 6 mm 白玻与 6 mm 白玻 + 12 mm 空气 + 6 mm Low-E 玻璃（以下分别简称中空白玻、中空 Low-E），如图 6 – 1 所示。为了能够准确测试上述试件的外表面换热系数与光热性能，根据盐雾箱（图 6 – 5）、热湿气候风洞（见第七章图 7 – 1）及分光光度计对试件尺寸的要求，每种玻璃均制备了 2 种截面尺寸试件，分别为大尺寸（300 mm × 300 mm）与小尺寸（100 mm × 100 mm），如图 6 – 2 所示。其中，大尺寸试件用于在热湿气候风洞内测试其表面换热系数，而小尺寸试件则布置在分光光度计内测试其光热性能。需要制备 2 种截面尺寸的试件的原因是，盐雾箱内部尺寸虽为 900 mm × 600 mm × 400 mm，但其内部还安装了喷盐雾装置和盐雾收集装置，如图 6 – 5 所示，因此可利用的空间缩减。此外，采用热平衡法测试表面换热系数时，试件尺寸应尽可能大，以使辐射计尽可能多地接收来自试件表面的辐射能量（见

(a) 中空白玻 (b) 中空Low-E

图 6 – 1 试验所用 2 种玻璃试件

第七章），因此大尺寸玻璃试件截面尺寸设为 300 mm × 300 mm。而对于小尺寸试件，其尺寸定为 100 mm × 100 mm，以便在分光光度计内安装并进行测试。

(a) 100 mm × 100 mm　　　　(b) 300 mm × 300 mm

图 6-2　小尺寸与大尺寸玻璃试件

为了便于后续开展不同工况的试验测试，每种玻璃试件均准备了 10 块，并通过电子天平（见表 6-1）测量了其质量分布，如图 6-3 所示。可以看出，小尺寸中空白玻和中空 Low-E 试件的平均质量分别为 362.6 g 和 370.7 g，而大尺寸 2 种玻璃试件的平均质量分别为 2894.5 g 和 2758.5 g。由于双层玻璃边缘需使用密封胶进行密封，其质量具有一定的波动范围，其中中空 Low-E 玻璃的质量波动更为剧烈，幅度达 9.8%。

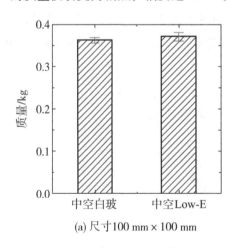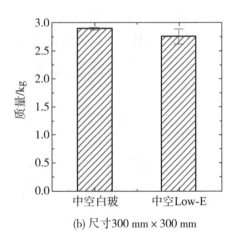

(a) 尺寸 100 mm × 100 mm　　　　(b) 尺寸 300 mm × 300 mm

图 6-3　玻璃试件质量分布

二、 试验仪器与试件布置

本试验使用的 BGD886/S 复合盐雾试验箱由标格达精密仪器(广州)有限公司研发,该盐雾腐蚀试验箱通过触摸屏设定、控制各种参数,将诸如盐雾腐蚀、湿度(高温高湿、低温低湿)、晾干(热干、风干)等多种测试进行组合,模拟多种循环腐蚀试验,其关键技术参数见表6-1。试验箱的内部有效尺寸为 900 mm×600 mm×400 mm($W×D×H$),箱体重量约为 350 kg。如图6-4 所示,控制箱与试验箱为左中右结构,左边为盐水供水箱、加湿补水箱、饱和压力桶,中间为试验箱体,右侧为干燥、湿热控制箱。其水电分离结构能有效防止水进入电器控制箱而损坏配件,使用起来安全、可靠。

表6-1　仪器技术参数

名称	型号	物理参数	范围	精度
复合盐雾试验箱	BGD886/S	温度	0～85℃	±1℃
		相对湿度	20%～98%	0.1%
		盐雾沉降量	1～2 mL/h	—
		喷雾压力	70～170 kPa	—
电子天平	BW32KH	质量	0～32 kg	±0.1 g
钢直尺	SHINWA21575	尺寸	0～600 mm	±0.5 mm

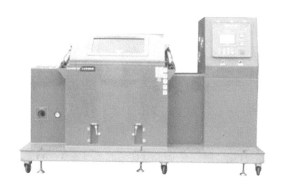

图6-4　BGD886/S 复合盐雾试验箱

　　而盐雾箱内部，如图 6－5 所示，设置喷盐雾装置，底部连接喷雾供水箱，并通过水箱内的自动水位浮球控制水位高度。喷嘴安装在水箱上方 100 mm 以内的高度，确保在喷雾要求的虹吸高度范围内，在喷嘴上方设置 CPVC 圆管，确保样品放置空间所接收到的均为雾滴，避免部分盐水雾化不完全而直接喷洒到样品表面，影响测试结果。在圆管顶部设置锥形高度可调挡块，可通过调节锥度的高低实现喷雾量的大小调节。为了实时监测喷雾量，在盐雾箱体内设置 2 个盐雾收集装置（为直径 100 mm 的锥形漏斗，漏斗底部安装的硅胶软管可连接到室外量筒内），其中一个收集装置安装位置距离喷雾装置最近，另一个距离喷雾装置最远。

　　试验箱内的样品架分为上中下三层，上层放置耐腐蚀材料制作的圆棒，中间层放置 V 形玻纤材料支架，样品可通过调节 V 形支架的角度，从而切换 15°、30°、45°三种样品测试角度。下层设置 CPVC 冲孔板用于放置大件样品，其位置距离底板约 250 mm，其表面均匀以开孔防止落雾后的溶液堆积，也利于箱内气流循环。本试验将玻璃试件摆放在中间层的支架上，如图 6－5 所示，其中同一编号的大小试件放在同一侧，以保证两者表面单位面积附着的盐雾量一致。

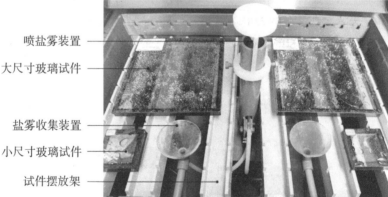

图 6－5　盐雾箱内部布置

三、　试验步骤与工况设置

在正式试验之前，首先需要配置浓度分别为 5% 和 10% 的 NaCl 溶液作为"盐雾"的发生源。以 5% 的 NaCl 溶液为例，将质量为 50 g ±5 g 的高品质 NaCl 结晶溶解在蒸馏水或去离子水中，并利用 1 L 的容量瓶进行定容，从而获得相应浓度的 NaCl 溶液。接着，对试件进行预处理，首先按照表 6 - 2 与表 6 - 3 对试件进行编号，然后用脱脂棉蘸无水乙醇擦拭试件表面以去掉油污与杂质等，再用钢直尺测量试件表面尺寸，并用电子天平对试件进行称重，获取其原始重量。

正式试验时，先将 2 种尺寸的试件按照要求摆放在支架上，利用气压杆使驱动箱盖闭合后，在其与箱体的连接槽内加入适量水进行液封，防止盐雾逸出污染空气。接着在盐雾箱控制面板根据试验条件设置对应的参数，如"盐雾"过程的温度、相对湿度与持续时间等，最后开始进行试验，试验过程中应定期观察控制面板和试验箱，避免发生故障。

试验结束后，第一时间打开箱盖取出试件，原因是停机后箱内相对湿度将不断升高，及时取出试件可避免其表面的盐分结晶吸湿。需要注意的是，打开箱盖前应利用小型水泵抽干连接槽内用于液封的水，否则箱盖开启时附着的水将掉落至试件表面并溶解部分盐分结晶，使实验结果不准确。取出试件后，首先利用相机拍下表面盐分结晶形态，然后利用电子天平称重，最后将其放入恒温恒湿箱内进行长期保存。

由于国内外尚无针对玻璃试件表面盐雾沉积的试验方法，因此本试验参考 GB/T 20854—2007《金属和合金的腐蚀循环暴露在盐雾、干和湿条件下的加速试验》[70]（以下简称"《加速试验标准》"）。该试验方法将试样循环暴露于"盐雾""干燥"和"高湿"环境中，通过试验可获得暴露于与试验条件相类似的盐污染环境下材料的相关性能等有价值信息。然而，本试验仅需研究盐雾在玻璃表面产生的盐分沉积，因此上述"高湿"（喷水雾）过程可以剔除，保留"盐雾"与"干燥"过程即可，并且不进行周期循环。

上述"盐雾"过程的温度参数设置为 35℃ ±2℃，持续时间 2 h。盐雾发生源则采用浓度为 5% 的 NaCl 溶液，与国内外中性盐雾试验采用的盐溶液浓度相似[71]，并且相关试验表明，盐溶液浓度在5%左右时，试验效果最佳。但试验"干燥"过程中需保持温度60℃±2℃、相对湿度小于30%的条件，持续时间为4h。

为了探究喷雾时间与盐分沉积特性的关系，以中空Low-E作为实验对象，在《加速试验标准》[70]推荐的2h喷雾时间的基础上，依次进行了喷雾时间2～6h的对比试验。试验其他条件则保持一致，盐溶液浓度5%，干燥时间仍为4h，试件水平摆放，如表6-2所示。

自然条件下玻璃表面盐分沉积特性除了与持续时间相关外，亦会受盐雾浓度的影响。因此，仍以中空Low-E作为实验对象，将盐雾发生源改为10%的NaCl溶液，喷雾时间由2h均匀增加至6h，其他条件不变，见表6-2中的工况A-6～A-10。

表6-2　中空Low-E工况设置

工况编号	试件类型	喷雾时间	盐水浓度	倾斜角度
A-0	中空Low-E	—	—	—
A-1	中空Low-E	2 h	5%	水平
A-2	中空Low-E	3 h	5%	水平
A-3	中空Low-E	4 h	5%	水平
A-4	中空Low-E	5 h	5%	水平
A-5	中空Low-E	6 h	5%	水平
A-6	中空Low-E	2 h	10%	水平
A-7	中空Low-E	3 h	10%	水平
A-8	中空Low-E	4 h	10%	水平
A-9	中空Low-E	5 h	10%	水平
A-10	中空Low-E	6 h	10%	水平

此外，实际的建筑玻璃除了采光顶外，更多的是立面外窗、玻璃幕墙等倾斜与垂直透明外围护结构，为了对比水平与倾斜玻璃的盐分沉积差异，如表6-3所示，以中空白玻作为试验对象，其中工况B-1～B-5的试件保持水平，喷雾时间依次为2～6h，盐溶液浓度5%；而工况B-6～B-10的试件则倾斜摆放在支架上，其他条件与B-1～B-5一致。

表6-3　中空白玻工况设置

工况编号	试件类型	喷雾时间	盐水浓度	倾斜角度
B-0	中空白玻	—	—	—
B-1	中空白玻	2 h	5%	水平
B-2	中空白玻	3 h	5%	水平
B-3	中空白玻	4 h	5%	水平
B-4	中空白玻	5 h	5%	水平
B-5	中空白玻	6 h	5%	水平
B-6	中空白玻	2 h	5%	倾斜
B-7	中空白玻	3 h	5%	倾斜
B-8	中空白玻	4 h	5%	倾斜
B-9	中空白玻	5 h	5%	倾斜
B-10	中空白玻	6 h	5%	倾斜

四、 盐分沉积试验数据处理

试件经过"盐雾"与"干燥"过程后，其表面将产生白色不透明的盐分沉积——盐斑[72]，为了表征盐斑的尺寸与分布情况，在试件表面均匀取9个点，如图6-6所示。然而，通过钢直尺或游标卡尺直接测量盐斑尺寸难度较大，且容易引入人为的偶然误差。因此，试验利用图像处理软件Adobe Photoshop

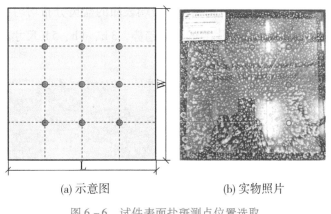

(a)示意图　　　　　　(b)实物照片

图6-6　试件表面盐斑测点位置选取

CS6[73]（以下简称"PS"）对其进行间接测量。具体而言，首先将表面挂盐试件的照片导入 PS 中，通过"图像大小"查询试件长宽方向对应的像素大小，然后启用"标尺工具"测量 9 个测点上的盐斑像素大小，后者除以前者则为盐斑相对于玻璃试件的大小比例，最后将该比例与试件实际尺寸相乘，得到各点盐斑的实际尺寸。

除盐斑尺寸外，试件单位面积盐分沉积量的计算步骤如下：

$$\Delta m = m_2 - m_1 \tag{6 - 1}$$

其中，Δm 为试件表面盐分沉积量（mg）；m_1、m_2 分别为盐雾前后试件干燥状态下的质量（mg）。

$$p = \frac{\Delta m}{A} \tag{6 - 2}$$

其中，p 为单位面积沉积量（mg/m^2）；A 为试件表面积（m^2）。

第二节　喷雾时间与沉积特性的关系

玻璃表面的盐斑尺寸与分布会受到其与盐雾空气接触时间的影响，因此，可以通过喷雾时间这一参数来表征接触时间的长短。如图 6 - 7 所示，以 Low-E 玻璃为例，随着喷雾时间变长，玻璃表面的盐斑分布均匀性与密集程度均有所下降，但其尺寸存在明显的增长趋势，3 h、4 h、5 h 尺寸的盐斑与喷雾时间 2 h 下的盐斑尺寸差异极大。

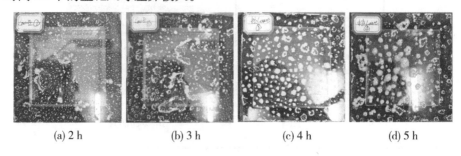

(a) 2 h　　　　(b) 3 h　　　　(c) 4 h　　　　(d) 5 h

图 6 - 7　不同喷雾时间下 Low-E 玻璃表面盐分沉积情况

图6-8展示了盐斑尺寸随喷雾时间的变化规律，可以看出，随着喷雾时间变长，盐斑尺寸逐渐增大，开始增长较慢，随后增长较快。当喷雾时间较短时，盐斑尺寸分布均匀性较好，而当喷雾时间较长时，盐斑尺寸波动范围极大。其原因是当喷雾时间较短时，仅少量含盐雾滴附着在玻璃表面，聚合形成大液滴的概率较小；随着喷雾时间增长，雾滴附着量增大，单个液滴的尺寸不断增大，在表面张力和重力的共同作用下，相互独立的液滴将发生聚合现象[74]。因此，在液滴干燥后，盐斑尺寸也将变大。此外，聚合前液滴尺寸越大，聚合过程中其尺寸振荡频率越小，振幅越大，从而可以解释"喷雾时间变长导致盐斑尺寸波动程度增大"这一现象。

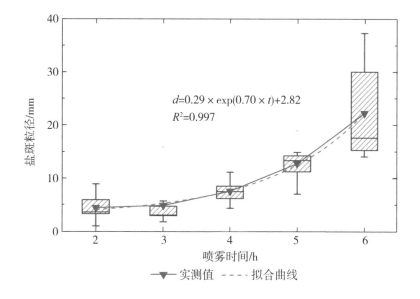

图6-8 不同喷雾时间下Low-E玻璃表面盐斑尺寸分布

根据曲线拟合上述两者的函数关系式，发现盐斑尺寸与喷雾时间呈现指数函数增长趋势，具体表达式为

$$d = 0.29 \times e^{0.7t} + 2.82 \qquad (6-3)$$

其中，d为盐斑尺寸（mm）；t为喷雾时间（h）。上述拟合公式的相关系数R^2高达0.997，说明拟合效果良好。

作为本章重点关注的指标，玻璃试件表面单位面积沉积量随喷雾时间的变化规律如图6-9所示，可以看出，随着喷雾时间增加，单位面积沉积量呈现单调增加的趋势。但是该趋势随时间增加而变缓，这意味着增长速率逐渐减小。结合上述盐斑尺寸与分布密度的变化，可以发现，虽然盐斑覆盖区域面积占比降低，但其尺寸增加对沉积量带来的增益更为显著，从而导致单位面积沉积量呈现增长趋势。

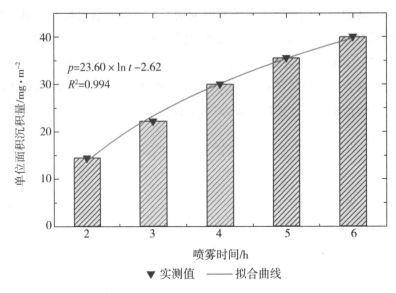

图 6-9　Low-E 玻璃表面单位面积沉积量与喷雾时间的拟合曲线

　　为了量化玻璃试件表面单位面积沉积量随喷雾时间的变化规律，利用 OriginPro 的非线性拟合功能拟合了两者的函数关系，发现对数函数拟合的吻合度和精度较高，其表达式如下：

$$p = 23.60 \times \ln t - 2.62 \qquad (6-4)$$

其中，p 为单位面积沉积量（mg/m^2）；t 为喷雾时间（h）。上述拟合公式的相关系数 R^2 高达 0.994，说明拟合效果良好。

　　试件表面单位面积沉积量与喷雾时间呈现对数函数关系的原因是：随着喷雾时间变长，液滴不断附着在玻璃表面并聚合形成大液滴，乃至形成连续的大面积液膜，而后由于表面张力与重力作用发生小位移的水平流动；若液滴不断生长，则存在液滴流至玻璃表面以外区域的可能性，因此干燥之后表面沉积量无法保持线性增加。而在实际的大气环境中，即使周围环境含盐浓度较高，但雨水将在全年内无规律地反复冲刷建筑玻璃表面，因此沉积的盐分将无法长期保持并持续增长。

第三节　盐水浓度与沉积特性的关系

如图 6 - 10 所示，以 Low-E 玻璃为例，对比在不同盐水浓度（上排为 5%，下排为 10%）工况下的玻璃表面盐分沉积情况，可以看出，随着喷雾时间变长，2 种盐水浓度下试件表面盐斑尺寸均呈现增大趋势，但在保持喷雾时间相同的前提下，10% 盐水浓度工况对应的盐斑尺寸较大。此外，5% 盐水浓度下盐斑分布密集程度随喷雾时间的增加而下降，而 10% 盐水浓度下其变化趋势则有所区别。当喷雾时间处于 2～4 h 内，盐斑分布密集程度逐渐下降，而当喷雾时间大于 4 h 后，盐斑分布反而变得密集。其原因可能是喷雾时间大于 4 h 后，附着在试件表面的液滴数量较多并聚合成大液滴，而盐水浓度增加导致其表面张力增大[75]，不同液滴之间的作用力更强，存在进一步聚合的趋势，从而填充大液滴之间的空隙。因此，待液滴干燥之后，盐斑分布变得异常密集，一方面导致玻璃表面粗糙度显著增大，影响其对流换热系数，另一方面则使得玻璃试件的透过率大幅衰减。

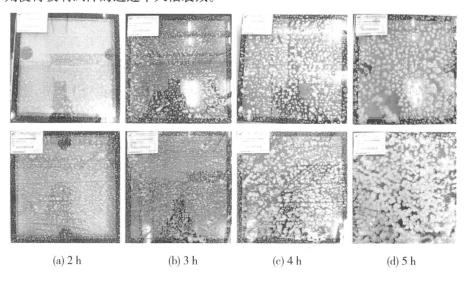

|(a) 2 h|(b) 3 h|(c) 4 h|(d) 5 h|

图 6 - 10　盐水浓度为 5% 和 10% 工况下 Low-E 玻璃表面盐分沉积情况

　　同理，图6-11展示了2种盐水浓度工况下盐斑尺寸随喷雾时间的变化规律，可以看出，随着喷雾时间变长，盐斑尺寸均逐渐增大，开始增长较慢，随后增长较快。然而，横向对比发现，10%盐水浓度工况下盐斑尺寸略大，其平均增大幅度约为9.3%。此外，除了喷雾时间6 h下5%盐水浓度工况对应的盐斑尺寸分布异常不均匀外，盐水浓度差异并未使盐斑尺寸的分布均匀性发生较大变化。

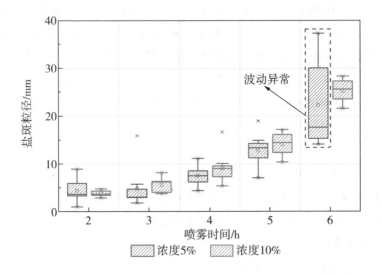

图6-11　盐水浓度为5%和10%工况下Low-E玻璃表面盐斑尺寸随喷雾时间分布情况

　　如图6-12所示，根据曲线拟合了盐水浓度10%工况下盐斑尺寸与喷雾时间之间的函数关系式，可以发现，其变化趋势与盐水浓度5%工况对应的公式(6-3)相似，仍呈现指数函数增长趋势，但各项系数存在较小差异，具体表达式为

$$d = 0.54 \times e^{0.63t} + 2.02 \tag{6-5}$$

其中，d为盐斑尺寸(mm)；t为喷雾时间(h)。上述拟合公式的相关系数R^2高达0.998，说明拟合效果良好。

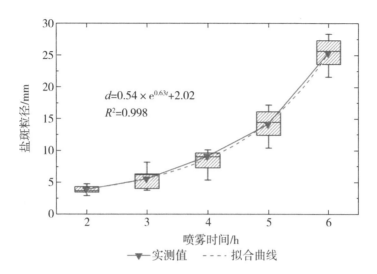

图 6－12　盐水浓度 10% 工况不同喷雾时间下 Low-E 玻璃表面盐斑尺寸分布

图 6－13 展示了 2 种盐水浓度下玻璃试件表面单位面积沉积量随喷雾时间的变化规律，可见，随着喷雾时间增加，单位面积沉积量均单调增加且该趋势逐渐变缓。然而，由于盐水浓度增大，10% 盐水浓度工况对应的单位面积沉积量始终大于低浓度工况，平均增幅为 11.6%，原因主要是在相同喷雾时间的基础上，10% 浓度盐水喷雾降落在试件表面的含盐液滴干燥后析出的盐分更多。

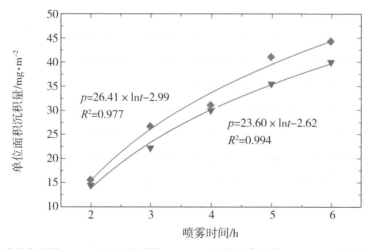

图 6－13　盐水浓度为 5% 和 10% 工况下 Low-E 玻璃表面
单位面积沉积量与喷雾时间的拟合曲线

同理，为了量化 10% 盐水浓度下玻璃试件表面单位面积沉积量随喷雾时间的变化规律，拟合了两者的函数关系，其表达式如下：

$$p = 26.41 \times \ln t - 2.99 \qquad (6-6)$$

其中，p 为单位面积沉积量（mg/m^2）；t 为喷雾时间（h）。上述拟合公式的相关系数 R^2 高达 0.977，说明拟合效果良好。

在表观上，增加盐水浓度使盐斑尺寸和单位面积沉积量增大，而在数学模型方面，对比公式(6-4)和(6-6)，可以看出，其结果是公式各项系数均有所增大。此外，高盐水浓度下玻璃试件表面单位面积沉积量与喷雾时间仍呈现对数增长趋势，可以弥补低盐水浓度下数据量不足导致拟合函数不准确的缺陷，并进一步佐证一个结果：在试验条件下，玻璃试件表面单位面积沉积量与喷雾时间确实成对数函数关系。

第四节　水平面与倾斜面的差异

如图 6-14 所示，玻璃试件水平放置时，盐斑在玻璃表面分布较为均匀，其分布特征随喷雾时间的变化结果已在前文中进行分析，此处不再赘述。对于倾斜试件而言，盐斑分布具有以下 3 个特点：首先，其在玻璃表面并非均匀分布，而主要分布在沿重力方向的底边附近区域，其他区域则基本无盐分沉积，并且沉积区域面积随着喷雾时间变长而逐渐增大；其次，沉积区域与非沉积区域的分界线（图中青色线条）并非平行于底边，而是与之存在一定夹角，并且该分界线位置随喷雾时间变化而变化；此外，在当前试验工况下，不同喷雾时间对应的盐斑尺寸并无太大差异，与水平试件表面的盐斑尺寸变化趋势迥乎不同。

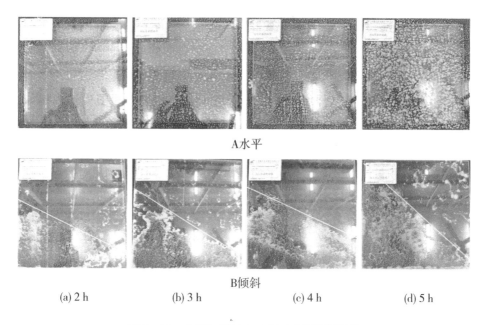

A水平

B倾斜

(a) 2 h   (b) 3 h   (c) 4 h   (d) 5 h

图 6 - 14 水平与倾斜玻璃表面盐分沉积情况

图 6-15 展示了水平与倾斜玻璃表面盐斑尺寸随喷雾时间的变化规律，可以看出，水平试件表面盐斑尺寸随喷雾时间的变化规律与前文的分析一致，仍呈现指数函数增长趋势。对倾斜面而言，在试验有限的喷雾时间内(2～6 h)，其盐斑尺寸整体呈现增大的趋势，但最大变化值仅为 1.90 mm，并未呈

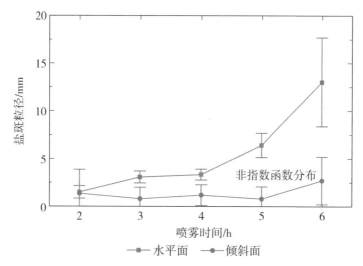

图 6-15 不同喷雾时间下水平与倾斜玻璃表面盐斑尺寸分布

现明显的指数函数增长趋势。导致此种现象的原因可能是试件倾斜使得部分含盐液滴流失且盐分沉积不均匀，减缓了盐斑尺寸的增长速率。若喷雾时间足够长，盐斑尺寸随时间的变化规律预计仍会呈现指数分布。

水平与倾斜玻璃试件表面单位面积沉积量随喷雾时间的变化规律如图6-16所示，可见，随着喷雾时间增加，单位面积沉积量均单调增加且趋势逐渐变缓。然而，正如前文所述，试件倾斜使得部分含盐液滴流失，因此倾斜玻璃盐分沉积量比水平面更小，平均降幅为8.2%。同理，利用对数函数拟合了水平与倾斜玻璃试件表面单位面积沉积量随喷雾时间的变化规律，其表达式如下：

$$p_H = 21.93 \times \ln t - 0.19 \qquad (6-7)$$

$$p_T = 17.25 \times \ln t + 3.61 \qquad (6-8)$$

其中，p_H、p_T分别为水平与倾斜玻璃试件单位面积沉积量（mg/m^2）；t为喷雾时间（h）。上述拟合公式的相关系数R^2分别高达0.993与0.967，说明拟合效果良好。

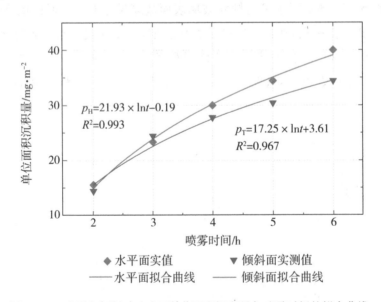

图6-16　水平与倾斜玻璃表面单位面积沉积量与喷雾时间的拟合曲线

对比公式（6-7）与（6-8），可以看出，水平面对应数学模型式（6-7）的常数项系数为负值，与公式（6-4）、（6-6）保持一致；而倾斜面对应数学模型式(6-8)的常数项系数为正值,且对数项系数比水平面小21.3%。这意味着随着喷雾时间变长,水平面与倾斜面的盐分沉积量差值将逐渐增大。

由于水平与倾斜玻璃试件可在一定程度上模拟实际建筑不同倾斜角度的透明外围护结构(如采光顶、立面外窗、玻璃幕墙)在盐雾条件下的沉积情况,因此可以推断:第一,对于采光顶等水平透明围护结构,其在盐雾气候条件下表面盐分沉积情况最为严重,预计其热工性能变化最显著,应作为重点对象采取防/耐盐雾措施进行防护;第二,外窗、玻璃幕墙等倾斜与垂直透明围护结构,若当地盐雾浓度较低或作用时间较短,盐分主要在其分隔单元的底部沉积,使得同一围护结构热工性能不均匀,进而导致围护结构传热与室内光热环境不均匀。针对第二种情况,为了节约成本,防护措施应重点应用在底部区域(即病灶)。然而,若盐雾浓度较高且作用时间较长,所有区域将形成盐分沉积,则防护措施应全方位、大面积实施。

此外,虽然加速盐雾对比性试验的试验结果不能对应在此环境条件下长时间使用的同种材料的腐蚀或沉积特征,但相关研究表明,室内加速试验与大气暴露试验仍存在一定的相关性[76-78]。如郝美丽等发现铝合金材料在室内加速腐蚀试验中的结果与海南万宁自然海洋大气暴露腐蚀试验中的结果具有线性相关性[78]。同理,若能通过长期大气暴露试验得到建筑玻璃表面盐分沉积量与暴露时间、空气盐雾浓度的定量关系,并进一步确定室内加速试验与大气暴露试验在玻璃表面盐分沉积特性方面的相关性,对于准确预测我国不同盐雾气候地区建筑玻璃热工性能变化规律具有重要意义。

虽然本文在试验时考虑了水平面与倾斜面的沉积差异,但由于盐雾箱无法加入不同方向与速度的气流,含盐液滴均沿着重力方向自然滑落至试件表面。而实际自然条件下环境风将驱动盐雾空气水平运动冲击建筑物表面,从而使盐分沉积特性进一步复杂化,其原理可以类比风驱雨(Wind-Driven Rain, WDR)。WDR是雨在垂直坠落过程中受风的影响而产生水平运动矢量形成斜雨的一种自然现象,是影响建筑物表面热湿交换性能与耐久性的一个重要湿源[79],国内外众多学者结合试验与模拟手段对该现象开展了深入研究[80-82]。当前,关于盐雾沉积对建筑围护结构热工性能的研究较少,而风驱盐雾是该方向下极为复杂的问题之一,因此尚无学者对其开展研究。然而,随着对盐雾气候的认识与重视程度的加深,而风驱盐雾对围护结构热工性能、室内热湿环境及建筑能耗的作用机理将逐渐明晰。

盐分沉积条件下
建筑玻璃换热与光热性能

第一节　建筑玻璃表面换热系数与光热性能测试方法

一、建筑玻璃表面换热系数测试原理

本文采用直接热平衡法对玻璃表面换热系数进行计算，该方法原理如下。

对于建筑玻璃表面而言，其热平衡关系如式(7 – 1)[83]：

$$Q_R = Q_C + Q_E + Q_D \tag{7 – 1}$$

式中　Q_R——玻璃外表面接收的净辐射量(W/m^2)；

Q_C——玻璃外表面与周围空气的对流换热量(W/m^2)；

Q_E——玻璃外表面与周围空气的潜热交换量(W/m^2)；

Q_D——玻璃的导热量(W/m^2)。

在公式(7 – 1)中，Q_R 可进一步表示为

$$Q_R = Q_{RS} + Q_{RL} \tag{7 – 2}$$

式中　Q_{RS}——玻璃外表面接收的净短波辐射量(W/m^2)；

Q_{RL}——玻璃外表面接收的净长波辐射量(W/m^2)。

上述 Q_{RS}、Q_{RL}可通过短、长波辐射计直接测量得到。此外，由于玻璃无法保水，因此可考虑为无水分蒸发的建筑表面，则 Q_E 设为 0；Q_D 亦可通过热流计直接测量得到。

根据牛顿冷却定律，

$$Q_C = h_c(t_s - t_a) \tag{7 – 3}$$

式中　h_c——玻璃外表面对流换热系数($W \cdot m^{-2} \cdot K^{-1}$)；

t_s——玻璃外表面温度(℃)；

t_a——玻璃外表面周围空气温度(℃)。

因此，玻璃外表面对流换热系数可表示为

$$h_c = \frac{Q_C}{l_s - l_a} = \frac{Q_{RS} + Q_{RL} - Q_D}{l_s - l_a} \qquad (7-4)$$

同理，将辐射换热系数 h_r 以牛顿冷却定律的形式表示为

$$h_r = \frac{Q_R}{l_s - l_a} \qquad (7-5)$$

二、 建筑玻璃表面换热系数测试方法

为了规避室外气象的频繁变化影响并复现相同的实验条件，本实验采用由华南理工大学建筑节能研究中心自主研发并建设的多场耦合动态热湿气候风洞（MCCT）[84]，其结构剖面见图7-1。通过设置如风机、表冷器等相关设备，在洞体内复现了室外自然气候中风速、温度、湿度、太阳照度、天空背景辐射温度、降雨、盐雾共七个参数，各参数控制范围分别为 0.5 ~ 10 m/s、10 ~ 40℃、40% ~ 98%、0 ~ 1000 W/m²、7 ~ 45℃、5 ~ 200 mm/h、0.3 ~ 25 mg/m³。本实验在复现室外复杂气候的第一试验段中进行，其长×宽×高尺寸为3.0 m×3.0 m×2.5 m，可放置单元模型和材料试件；试件槽平面尺寸为2.5 m×2.5 m，由5块尺寸0.5 m×2.5 m 的可移动模块板组成。

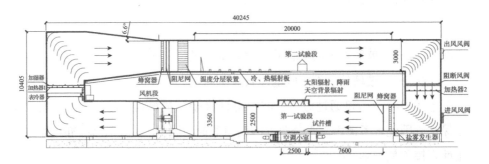

图7-1 多场耦合动态热湿气候风洞剖面图[84]

如图7-2所示，将位于第一试验段 Y 轴方向中间位置的可移动模块拆除，形成大试件槽，并在其 X 轴方向中段放置3个自制试件槽（平面尺寸400 mm×400 mm），沿来流风方向依次由小到大进行编号。在大试件槽 X 轴方向两端填充与可移动模块相同厚度（70 mm）的 XPS 保温板，使保温板上表面

与风洞水平内表面平齐，以减小对来流风的干扰。此外，实验时将玻璃试件嵌入自制试件槽内部，因试件尺寸为 300 mm × 300 mm × 24 mm，为使其外表面仍与风洞水平内表面平齐，应在其下方和两侧填充相应厚度的 XPS 保温板。

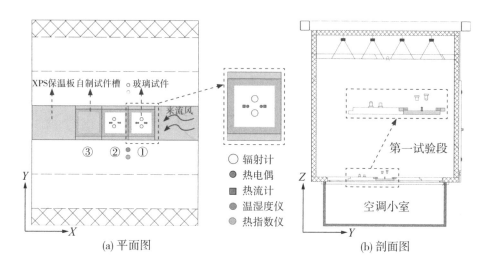

图 7 – 2 试件与仪器布置

由于部分试件表面的盐分沉积不均匀，为了避免单点测量产生的偶然误差，在玻璃试件内外表面分别固定 2 对热流计与热电偶，测试内外表面的热流量与温度。玻璃试件接收的短、长波辐射强度由朝上布置在试件一侧的一对短、长波辐射计进行监测，而朝下布置在试件正上方约 40 mm 的一对短、长波辐射计则测试其外表面反射与发射的短、长波辐射强度。此外，试件外表面周围空气温度与风速由安装在其另一侧的温湿度仪与热指数仪进行测量，上述仪器的性能参数见表 7 – 1。

需要指出的是，辐射计距离玻璃试件的高度通过两者的辐射换热角系数进行确定，目前在文献中记载的常用方法如下[85]：

首先，可假设辐射计 A_1 与玻璃试件 A_2 为两同心平行圆盘，则有

$$F_{12} = \frac{1}{2}\Big[z - \sqrt{z^2 - 4(\frac{y}{x})^2} \Big] \qquad (7 - 6)$$

其中，F_{12} 为 A_1 对 A_2 的角系数，其物理意义为 A_1 发射的热辐射投射到 A_2 上的比例，且根据角系数的相对性，F_{12} 亦等于辐射计接收辐射中来自玻璃试件

的比例；$x = \dfrac{r_1}{h}$，$y = \dfrac{r_2}{h}$，$z = 1 + (1 + y^2)/x^2$，r_1 和 r_2 分别为圆盘 A_1 和 A_2 的半径，h 为两圆盘的间距。

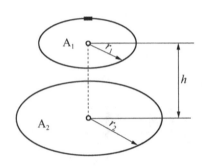

图 7-3　同心平行圆盘示意图

辐射计感光元件直径约为 30 mm，则 r_1 为 15 mm；玻璃试件尺寸 300 mm × 300 mm，可折算成半径为 150 mm 的内切圆（$r_2 = 150$ mm）。将上述数据代入公式(7-6)，试件对辐射计的角系数随两者之间距离 h 的变化规律如图 7-4 所示。可以看出，辐射计悬挂在距离试件外表面 35 mm 以内的范围，可使来自试件的辐射能量占其接收总辐射能量的 95% 以上。

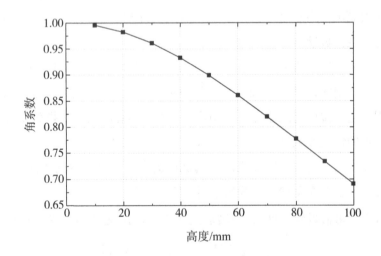

图 7-4　角系数与辐射计悬挂高度的关系

上述方法本质上是一种理论解析法，但这种方法直接将传感器与试件简化为 2 个同心圆，忽略了试件边缘的影响，因此精度有所下降。该方法可用于测试大面积的墙体、草地等物体，但对于尺寸受限的试件，辐射计悬挂高度较小的变动将导致角系数剧烈变化，因此需采取其他更为精确的计算方法。

根据传热学知识，任意表面之间角系数亦可通过数值方法进行计算，本文则介绍其中一种简单易行且更为准确的方法，并以商业有限元软件 Fluent 为例进行演示。首先在建模软件中建立试件与辐射计的真实几何模型，并导入网格划分软件进行网格划分，再把网格文件导入 Fluent 中进行求解。在 Fluent 中，开启能量方程，并在辐射模型中选择 S2S 模型即可，材料属性、边界条件等设置均可忽略。初始化后，点击 Postprocessing 选项，出现 S2S Information 界面，选择 From 和 To 中的界面并点击 Compute，出现 View Factor 计算结果，如图 7 - 5 所示。

图 7 - 5　S2S Information 界面

根据上述数值求解方法，试件对辐射计的角系数随两者之间距离 h 的变化规律如图 7 - 6 所示，其中数值求解法未将试件表面简化成内切圆，因此其计算结果比解析法稍大。可以看出，辐射计悬挂在距离试件外表面 40 mm 以内的范围，可使来自试件的辐射能量占其接收总辐射能量的 95% 以上。由于该方法未对几何尺寸、位置进行简化，且网格划分极细，因此可以认为其精度较高。

综上所述，测试试件外表面反射与发射的短、长波辐射强度的辐射计应悬挂在试件正上方约 40 mm 高度。

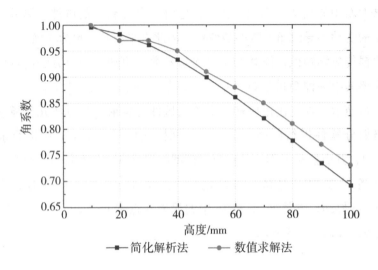

图 7-6　采用不同方法计算的角系数与辐射计悬挂高度的关系

　　由于本实验重点关注盐分沉积对表面换热系数的影响，而不对风速的影响进行研究，因此，实验中保持风洞稳态运行有利于节约时间并避免空气湿度过高导致盐分吸湿的风险。风洞设置参数参考华南理工大学建筑节能研究中心编制的 JGJ 286—2013《城市居住区热环境设计标准》[69]，选取华南地区沿海城市夏季典型日气象参数中约 14：00 的数据，并进行取整处理，依次设为温度 30℃、相对湿度 60%、风速 2 m/s 以及太阳辐射强度 600 W/m²。而试件槽下方空调小室的空气温度控制为 18℃。

　　此外，在实验前后分别测试玻璃试件的重量，确定试件表面盐分是否会吸湿而影响实验结果。

　　本章实验涉及到的主要仪器的性能参数如表 7-1 所示。

表 7-1　实验仪器参数

名称	型号	物理参数	范围	精度	照片
短波辐射计	Kipp&Zonen CMP3	太阳辐射强度	0 ～ 2000 W/m²	± 10 W/m²	

名称	型号	物理参数	范围	精度	照片
长波辐射计	Kipp&Zonen CMP3	长波辐射强度	$-250 \sim 250$ W/m²	± 5 W/m²	
T 型热电偶	TT - T - 36	温度	$-200 \sim 260$℃	± 0.5℃	
热流计	JTF1010C	导热热流	$0 \sim 1200$ W/m²	$\pm 3\%$	
数据采集仪	Agilent34972A	温度 电压	$-200 \sim 400$℃ $-20 \sim 20$ mV	$\pm 0.05\%$ $\pm 0.05\%$	
热指数仪	HD32. 3	风速	$0 \sim 5$ m/s	± 0.05 m/s	
温湿度记录仪 HOBO	MX2304	温度 湿度	$-20 \sim 50$℃ $10\% \sim 100\%$	± 0.2℃ $\pm 2.5\%$	
电子天平	BW32KH	质量	$0 \sim 32$ kg	± 0.1 g	

三、 建筑玻璃光热性能测试方法

为了方便在分光光度计内安装试件并进行测试，选择经过加速盐雾试验后的小尺寸（100 mm × 100 mm）玻璃试件，试件编号见第六章的表 6 - 2 与表 6 - 3。根据国家标准 GB/T 2680—2021《建筑玻璃可见光透射比、太阳光直接透射比、太阳能总透射比、紫外线透射比及有关窗玻璃参数的测定》的要求[86]，对于双层玻璃，首先需要将其拆分为两片玻璃，其中室外侧的玻璃为第一片，室内侧的玻璃为第二片，如图7-7所示。然后分片测试玻璃的光热参数，包括第一片玻璃在光线由室外侧射向室内侧条件下所测定的太阳光谱透射比 $\tau_1(\lambda)$、反射比 $\rho_1^{\rightarrow}(\lambda)$ 与光线由室内侧射向室外侧条件下的太阳光谱反射比 $\rho_1^{\leftarrow}(\lambda)$；第二片玻璃在光线由室外侧射向室内侧条件下所测定的太阳光谱透射 $\tau_2(\lambda)$、反射比 $\rho_2^{\rightarrow}(\lambda)$，以及第二片玻璃室内侧的半球辐射率 ε_i。

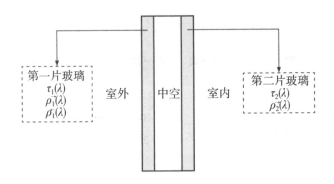

图7-7　中空玻璃分片测试法示意图

此外，为了分析盐分沉积对玻璃表面发射率的影响，测试不同工况下第一片玻璃外表面的发射率。由于参与加速盐雾试验的双层玻璃配置分别为6 mm白玻 +12 mm 空气 +6 mm 白玻与6 mm 白玻 +12 mm 空气 +6 mm Low-E 玻璃，对应的第一片玻璃均为6 mm 白玻，因此本书仅探究白玻在盐分沉积作用下表面发射率的变化，未研究盐分沉积对 Low-E 玻璃发射率的影响。上述测试过程中均保持环境温度为25.0℃ ±1.0℃。

由于玻璃表面盐分结晶分布不均，为了避免单点测量产生的偶然误差，采取五点梅花布点的方式测试各点的光热参数，并取平均值以表征该玻璃试件的整体性能。

上述测试所用的主要仪器参数如表7-2所示，其中玻璃试件的透射比、反射比采用U-4100 紫外-可见-近红外分光光度计测量，表面发射率则通过 AE1 型数字式半球辐射率测定仪获取。

表 7 -2　实验仪器参数

名称	型号	测量参数	量程	精度
分光光度计	U -4100	透射比、反射比	$0 \sim 100\%$	$\pm 0.2\%$
辐射率测定仪	AE1	辐射率	$0 \sim 1$	± 0.02

四、　建筑玻璃光热性能数据处理

基于上述测得的分片玻璃的太阳光谱透射比、反射比及表面发射率，计算以下重要光热参数。

（1）可见光透射比 τ_ν

$$\tau_\nu = \frac{\int_{380}^{780} D_\lambda \cdot \tau(\lambda) \cdot V(\lambda) \cdot \mathrm{d}\lambda}{\int_{380}^{780} D_\lambda \cdot V(\lambda) \cdot \mathrm{d}\lambda} \approx \frac{\sum_{380}^{780} D_\lambda \cdot \tau(\lambda) \cdot V(\lambda) \cdot \Delta\lambda}{\sum_{380}^{780} D_\lambda \cdot V(\lambda) \cdot \Delta\lambda} \quad (7-7)$$

式中，τ_ν 为试件的可见光透射比（%）；$\tau(\lambda)$ 为试件的可见光光谱透射比（%）；D_λ 为标准照明体 D_{65} 的相对光谱功率分布，见文献[86]；$V(\lambda)$ 为明视觉光谱光视效率；$\Delta\lambda$ 为波长间隔，此处为 10 nm。对于双层玻璃，则有

$$\tau(\lambda) = \frac{\tau_1(\lambda) \cdot \tau_2(\lambda)}{1 - \rho_1^\leftarrow(\lambda) \cdot \rho_2^\rightarrow(\lambda)} \quad (7-8)$$

式中，$\tau(\lambda)$ 为双层玻璃的可见光光谱透射比（%）；$\tau_1(\lambda)$ 为第一片玻璃的可见光光谱透射比（%）；$\tau_2(\lambda)$ 为第二片玻璃的可见光光谱透射比（%）；$\rho_1^\leftarrow(\lambda)$ 为第一片玻璃，在光由室内侧射向室外侧条件下，所测定的可见光光谱反射比（%）；$\rho_2^\rightarrow(\lambda)$ 为第二片玻璃，在光由室外侧射入室内侧条件下，所测定的可见光光谱反射比（%）。

（2）可见光反射比 ρ_ν

$$\rho_\nu = \frac{\int_{380}^{780} D_\lambda \cdot \rho(\lambda) \cdot V(\lambda) \cdot \mathrm{d}\lambda}{\int_{380}^{780} D_\lambda \cdot V(\lambda) \cdot \mathrm{d}\lambda} \approx \frac{\sum_{380}^{780} D_\lambda \cdot \rho(\lambda) \cdot V(\lambda) \cdot \Delta\lambda}{\sum_{380}^{780} D_\lambda \cdot V(\lambda) \cdot \Delta\lambda} \quad (7-9)$$

式中，ρ_ν 为试件的可见光反射比（%）；$\rho(\lambda)$ 为试件的可见光光谱反射比（%）；

D_λ、$V(\lambda)$、$\Delta\lambda$ 同公式(7–7)。对于双层玻璃，其可见光光谱反射比$\rho(\lambda)$表示为

$$\rho(\lambda) = \rho_1^{\leftarrow}(\lambda) + \frac{\tau_1^2(\lambda) \cdot \rho_2^{\rightarrow}(\lambda)}{1 - \rho_1^{\leftarrow}(\lambda) \cdot \rho_2^{\rightarrow}(\lambda)} \qquad (7-10)$$

(3)太阳光直接透射比τ_e

$$\tau_e = \frac{\int_{300}^{2500} S_\lambda \cdot \tau(\lambda) \cdot d\lambda}{\int_{300}^{2500} S_\lambda \cdot d\lambda} \approx \frac{\sum_{350}^{1800} S_\lambda \cdot \tau(\lambda) \cdot \Delta\lambda}{\sum_{350}^{1800} S_\lambda \cdot \Delta\lambda} \qquad (7-11)$$

式中，S_λ 为太阳光辐射相对光谱分布[86]；$\Delta\lambda$ 为波长间隔(nm)；$\tau(\lambda)$ 为试件的太阳光光谱透射比(%)。

(4)太阳光直接反射比ρ_e

$$\rho_e = \frac{\int_{300}^{2500} S_\lambda \cdot \rho(\lambda) \cdot d\lambda}{\int_{300}^{2500} S_\lambda \cdot d\lambda} \approx \frac{\sum_{350}^{1800} S_\lambda \cdot \rho(\lambda) \cdot \Delta\lambda}{\sum_{350}^{1800} S_\lambda \cdot \Delta\lambda} \qquad (7-12)$$

式中，ρ_e 为试件的太阳光直接反射比(%)；$\rho(\lambda)$ 为试件的太阳光光谱反射比(%)；S_λ、$\Delta\lambda$ 同公式(7–11)。

(5)太阳光直接吸收比α_e

$$\alpha_{e1(2)} = \frac{\int_{300}^{2500} S_\lambda \cdot \alpha_{1(2)}(\lambda) \cdot d\lambda}{\int_{300}^{2500} S_\lambda \cdot d\lambda} \approx \frac{\sum_{350}^{1800} S_\lambda \cdot \alpha_{1(2)}(\lambda) \cdot \Delta\lambda}{\sum_{350}^{1800} S_\lambda \cdot \Delta\lambda} \qquad (7-13)$$

$$\alpha_1(\lambda) = \alpha_1^{\rightarrow}(\lambda) + \frac{\alpha_1^{\leftarrow}(\lambda) \cdot \tau_1(\lambda) \cdot \rho_2^{\rightarrow}(\lambda)}{1 - \rho_1^{\leftarrow}(\lambda) \cdot \rho_2^{\rightarrow}(\lambda)} \qquad (7-14)$$

$$\alpha_1^{\rightarrow}(\lambda) = 1 - \tau_1(\lambda) - \rho_1^{\rightarrow}(\lambda) \qquad (7-15)$$

$$\alpha_1^{\leftarrow}(\lambda) = 1 - \tau_1(\lambda) - \rho_1^{\leftarrow}(\lambda) \qquad (7-16)$$

$$\alpha_2(\lambda) = \frac{\alpha_2^{\rightarrow}(\lambda) \cdot \tau_1(\lambda)}{1 - \rho_1^{\leftarrow}(\lambda) \cdot \rho_2^{\rightarrow}(\lambda)} \qquad (7-17)$$

$$\alpha_2^{\rightarrow}(\lambda) = 1 - \tau_2(\lambda) - \rho_2^{\rightarrow}(\lambda) \qquad (7-18)$$

式中，$\alpha_{e1(2)}$ 为双层玻璃第一或第二片玻璃的太阳光直接吸收比(%)；$\alpha_{1(2)}(\lambda)$为双层玻璃第一或第二片玻璃的太阳光光谱吸收比(%)；$\alpha_1^{\rightarrow}(\lambda)$为

第一片玻璃,在光由室外侧射入室内侧条件下,测定的太阳光光谱吸收比($\%$);$\alpha_1^{\leftarrow}(\lambda)$为第一片玻璃,在光由室内侧射向室外侧条件下,测定的太阳光光谱吸收比($\%$);$\alpha_2^{\rightarrow}(\lambda)$为第二片玻璃,在光由室外侧射入室内侧条件下,测定的太阳光光谱吸收比($\%$);其余符号含义同上。

(6)太阳能总透射比 g

$$g = \tau_e + \frac{\dfrac{\alpha_{e_1} + \alpha_{e_2}}{h_i} + \dfrac{\alpha_{e_2}}{G}}{\dfrac{1}{h_i} + \dfrac{1}{h_e} + \dfrac{1}{G}} \qquad (7-19)$$

式中,g 为试件的太阳能总透射比($\%$);τ_e 见公式(7-11);G 为两片玻璃之间的热导($W \cdot m^{-2} \cdot K^{-1}$),$G = \dfrac{1}{R}$,$R$ 为热阻;h_e 和 h_i 分别为外侧与内侧表面的热传递系数($W \cdot m^{-2} \cdot K^{-1}$),$h_e$ 取 23 $W/(m^2 \cdot K)$,h_i 则通过下式计算

$$h_i = 3.6 + \frac{4.4\varepsilon_i}{0.83} \qquad (7-20)$$

其中 ε_i 为内侧表面的半球辐射率。

(7)遮蔽系数 S_e

$$S_e = \frac{g}{\tau_s} \qquad (7-21)$$

式中,S_e 为试件的遮蔽系数;g 为试件的太阳能总透射比($\%$);τ_s 为 3 mm 厚的普通透明平板玻璃的太阳能总透射比,其理论值取 88.9%。

第二节 建筑玻璃表面换热性能变化规律

一、 表面温度与热流变化

如图 7-8 所示,以 A-0、A-2 及 A-5 试件为例,分析 Low-E 玻璃表面盐分沉积对其内外表面温度变化的影响。可以看出,对于同一试件而言,

内表面温度稍高于外表面温度，温差范围为 2.9～3.0℃，并且内表面传热过程将滞后于外表面，外、内表面温度稳定所需时间分别约为 3 h 与 6 h。其原因是玻璃为透明介质，部分透射的太阳辐射将对玻璃内表面进行加热，且玻璃下表面为 XPS 保温板，而外表面与空气换热，XPS 的热扩散系数远小于空气，因此外表面温度更快趋于稳定。

而分析不同试件的内外表面温度变化发现，玻璃表面沉积盐分后内外表面温度几乎无延迟，表明其热惰性指标不变，不必进行修正。由于盐分仅在玻璃表面形成一层薄层，且 NaCl 结晶的导热系数约为 15.6 W/(m·K)，因此由其产生的附加热阻极小，可忽略不计。与 A-0 试件相比，A-2 和 A-5 的内表面温度分别低 1.1℃、2.4℃，意味着在实际建筑中玻璃表面盐分沉积可减少进入室内的对流换热量，从而降低室内冷负荷并提高热舒适性，并且沉积量越大，降温效果越显著。

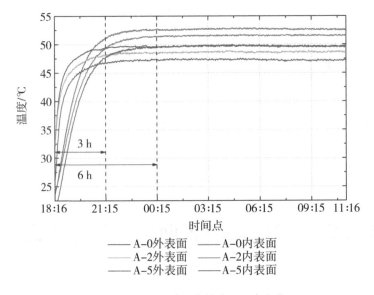

图 7-8　Low-E 玻璃内外表面温度变化

图 7-9 展示了 A-0、A-2 及 A-5 试件的内外表面热流随实验时间的变化情况，上述试件的外表面热流依次为 119.4 W/m²、103.3 W/m²、71.3 W/m²，而内表面热流依次为 22.4 W/m²、19.3 W/m²、13.3 W/m²，试件的外表面热流显著大于内表面热流，且外表面热流波动较大，而内表面热流较稳定。其原因

是，外表面与空气进行对流换热而内表面与 XPS 保温板进行导热，流动的空气具有一定的脉动性，并且试件外表面的太阳辐射强度亦在设定值附近波动。此外，与表面温度随沉积量的变化情况类似，随着沉积量增大，试件表面热流均减小，其中 A - 5 试件的外、内表面热流分别为 A - 0 试件外、内表面热流的 59.7% 与 59.4%。

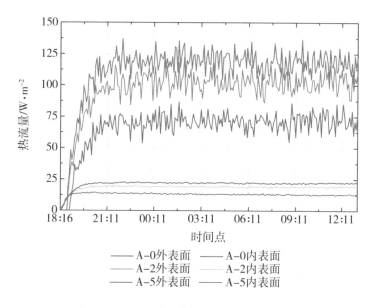

图 7 - 9　Low-E 玻璃内外表面动态热流变化

　　为了进一步分析玻璃表面沉积量与表面热流的关系，取 A - 0 ～ A - 10 试件表面热流曲线的稳定阶段数据进行分析，如图 7 - 10 所示。可以看出，试件的外表面热流显著大于内表面热流，且外表面热流波动较大，而内表面热流较稳定，两者的平均标准差分别为 16.6 W/m^2 与 0.8 W/m^2。此外，随着玻璃试件表面沉积量增加，外、内表面热流呈现单调递减趋势，前者变化范围为 119.4 ～ 71.3 W/m^2，后者变化范围为 22.4 ～ 13.3 W/m^2，表明建筑玻璃表面单位面积盐分沉积量从 0 增大至 41.1 mg/m^2 后，其外、内表面热流将分别衰减为无盐工况的 40.3%、40.6%，可显著减少进入室内的对流换热量。

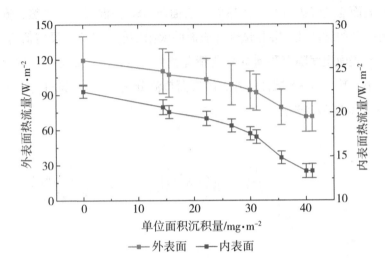

图 7-10 不同沉积量下 Low-E 玻璃内外表面热流变化

二、 对流换热系数与表面沉积量之间的关系

图 7-11 展示了 A-0、A-2 及 A-5 试件的表面对流换热系数随实验时间的变化情况，传热稳定后，各试件表面的对流换热系数均在其稳定值附近

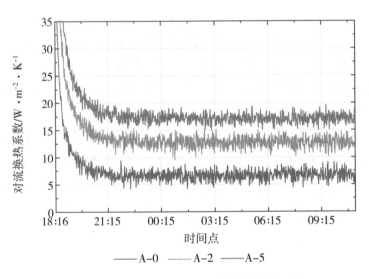

图 7-11 Low-E 玻璃表面对流换热系数动态变化

上下波动。其中 A－0 试件的对流换热系数最小，仅为 6.8 W/(m² · K)，而 A－2 与 A－5 试件的对流换热系数分别为 12.7 W/(m² · K)、17.1 W/(m² · K)。这说明玻璃表面盐分沉积后，对流换热系数将显著增大。由于不同工况的外界条件保持完全一致，仅玻璃试件表面的盐分沉积情况发生变化，因此，分析出现上述现象的原因主要是盐分沉积使玻璃表面的粗糙度发生变化，使得空气与玻璃表面的对流换热强度增大。

同理，取 A－0 ～ A－10 试件表面对流换热系数的稳定阶段数据进行分析，如图 7－12 所示，可以看出，随着玻璃试件表面沉积量增加，对流换热系数呈现单调递增趋势。玻璃试件表面未产生盐分沉积的情况下，其对流换热系数仅为 6.8 W/(m² · K)，而当其表面单位面积盐分沉积量增大至 41.1 mg/m² 后，对流换热系数(CHTC)攀升为 18.8 W/(m² · K)，其变化幅度达 176.5%。上述实验结果表明，一方面，盐雾气候条件下建筑围护结构表面的对流换热系数与常规气候下的结果迥乎不同，另一方面，不同盐雾气候区的建筑表面对流换热系数亦存在较大差异。

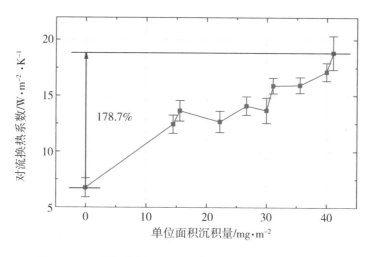

图 7－12　不同沉积量下 Low-E 玻璃表面对流换热系数变化

三、辐射换热系数与表面沉积量之间的关系

如图 7 - 13 所示，传热过程稳定后，A - 0、A - 2 及 A - 5 试件的表面辐射换热系数依次约为 12. 8 W/(m² · K)、18. 2 W/(m² · K)、21. 1 W/(m² · K)，数值处于建筑表面日间辐射换热系数的范围内，并且玻璃表面的辐射换热系数也随着表面盐分沉积量增大而增大。其原因可能是盐分沉积使得玻璃表面的太阳辐射吸收率增大，表面接收的净辐射强度随之增大，从而导致辐射换热系数变化。此外，结合图 7 - 11 和图 7 - 13 可以发现，对于同一工况下的玻璃试件而言，其辐射换热系数始终大于对流换热系数，意味着建筑玻璃通过辐射换热方式进入室内的热量要大于对流换热形成的室内得热。

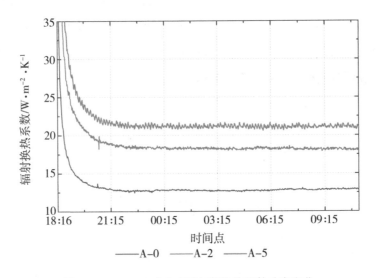

图 7 - 13　Low-E 玻璃表面辐射换热系数动态变化

与对流换热系数的变化趋势类似，随着玻璃试件表面沉积量增加，辐射换热系数亦呈现单调递增趋势。当其表面单位面积盐分沉积量由 0 mg/m² 增大至 41. 1 mg/m² 后，其辐射换热系数（RHTC）则由 12. 8 W/(m² · K) 攀升至 25. 3 W/(m² · K)，其变化幅度为 97. 7%，如图 7 - 14 所示。

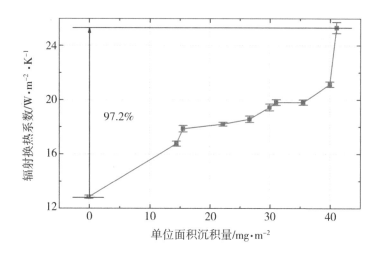

图 7 – 14　不同沉积量下 Low-E 玻璃表面辐射换热系数变化

盐分沉积量对 CHTC 与 RHTC 占比情况的影响如图 7 – 15 所示，整体而言，Low-E 玻璃表面的 CHTC 略小于 RHTC，尤其是空白工况下两者的比例分别为 34% 与 66%，差异最大。而当玻璃表面沉积盐分后，CHTC 与 RHTC 的占比情况相对稳定，占比范围分别为 41%～45%、55%～59%。因此，盐分沉积将导致玻璃表面对流和辐射换热特性发生改变，但沉积量大小对两者相对大小的影响不大。

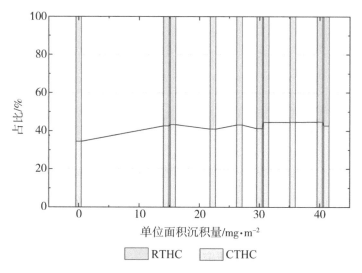

图 7 – 15　不同沉积量下 Low-E 玻璃表面 CHTC 与 RHTC 的占比情况

四、 表面换热系数扩展模型建立

正如前文所述，若表面对流换热系数的计算不确定度为 15%，将导致建筑物围护结构预测热流产生 15%～20% 的偏差[11]。结合上述盐分沉积对表面换热系数的影响结果，在预测盐雾气候区的建筑能耗时，不可继续沿用常规气候下的对流换热系数模型。因此，需根据实验结果建立描述盐分沉积对建筑玻璃表面换热系数影响的数学模型。

如图 7 – 16 所示，根据对流换热系数与单位面积沉积量之间的散点图，利用线性函数拟合了上述两者的关系，其相关系数 R^2 为 0.89，说明拟合效果较好，其具体表达式为

$$\text{CHTC} = 0.24 \times p + 8.05 \qquad (7 - 22)$$

式中，CHTC 为对流换热系数（$\text{W} \cdot \text{m}^{-2} \cdot \text{K}^{-1}$）；$p$ 为单位面积沉积量（$\text{mg} \cdot \text{m}^{-2}$）。

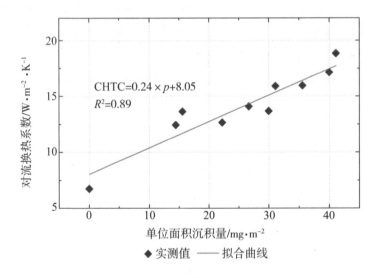

图 7 – 16　玻璃表面对流换热系数拟合曲线

需要说明的是，若采用三次多项式拟合上述散点数据，其拟合效果更好（R^2 高达 0.96）。然而，线性函数在形式上比多项式更简洁，并且其拟合精度优于相关的表面换热系数实验研究的精度[87, 88]，采用线性拟合便于后续建立可用于能耗模拟的对流换热系数模型。

　　同理，利用线性函数拟合了辐射换热系数与单位面积沉积量之间的关系（图 7 - 17），其相关系数 R^2 为 0.84，拟合效果比对流换热系数稍差，但仍满足精度要求，其具体表达式为

$$RHTC = 0.23 \times p + 13.13 \qquad (7 - 23)$$

式中，RHTC 为辐射换热系数（$W \cdot m^{-2} \cdot K^{-1}$）；$p$ 为单位面积沉积量（$mg \cdot m^{-2}$）。对比公式（7 - 22）与（7 - 23）发现，CHTC 对 p 的导数稍大于 RHTC 对 p 的导数，说明玻璃表面盐分沉积对 CHTC 的影响更大。

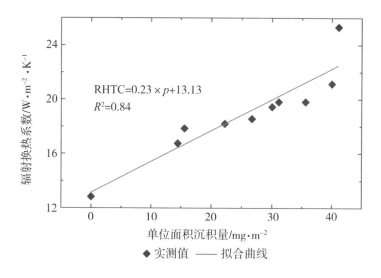

图 7 - 17　玻璃表面辐射换热系数拟合曲线

　　由于当前能耗模拟软件中应用的对流换热系数模型均与风速相关，但公式（7 - 22）与（7 - 23）建立的模型仅考虑了玻璃表面的盐分沉积情况，为了能够嵌入该能耗模拟软件，需在上述模型中引入风速变量进行扩展。然而，在进行表面换热系数实验时，由于核心目的是探究表面盐分沉积情况对表面换热系数的影响，因此将风速控制为常量，无法同时得到表面换热系数与盐分沉积量、风速之间的函数关系。

　　但前人对常规气候下的建筑表面对流换热系数开展了大量研究，因此，本文试图基于现有模型建立适用于盐雾气候条件下的对流换热系数扩展模型。Liu J 等[89]采用大涡模拟（LES）和 Smagorinsky - Lily 模型研究了建筑物在迎风面、背风面、侧面和顶部的对流换热系数，其建立的建筑水平面对流换热系

数模型为

$$CHTC = 3.67 \times V_{10}^{0.81} \qquad (7-24)$$

其中，V_{10} 为来流方向空旷处距地 10 m 高的风速（m/s），该风速可直接在能耗模拟软件的天气文件中获取。而风洞实验测量的风速实际上是建筑周围风速 V_{loc}，但根据 Mirsadeghi M 等[11] 的总结，V_{10} 与 V_{loc} 存在以下关系：

$$V_{10} = \frac{3}{2} \times V_{loc} \qquad (7-25)$$

结合公式（7-22）和（7-24），当建筑周围风速 V_{loc} 为 2 m/s（即 $V_{10} = 3$ m/s）时，

$$CHTC(3, p) = 0.24 \times p + 8.05 \qquad (7-26)$$

当建筑玻璃表面单位面积沉积量 p 为 0 时，

$$CHTC(V_{10}, 0) = 3.67 \times V_{10}^{0.81} \qquad (7-27)$$

观察上述公式（7-26）、（7-27），构造下列二元函数：

$$CHTC(V_{10}, p) = \frac{(0.24 \times p + 8.05) \times (3.67 \times V_{10}^{0.81})}{m} \qquad (7-28)$$

其中 m 为待定系数。

分别将 $V_{10} = 3$ m/s 和 $p = 0$ 代入公式（7-28），得到

$$CHTC'(3, p) = \frac{(0.24 \times p + 8.05)}{m} \qquad (7-29)$$

$$CHTC'(V_{10}, 0) = \frac{3.67 \times V_{10}^{0.81}}{m} \qquad (7-30)$$

再次分别将 $p = 0$ 和 $V_{10} = 3$ m/s 代入公式（7-29）和（7-30），则

$$CHTC'(3, 0) = \frac{8.05}{m} \qquad (7-31)$$

$$CHTC'(3, 0) = \frac{3.67 \times 3^{0.81}}{m} \qquad (7-32)$$

联立公式（7-31）和（7-32），解得 $m = 8.48$。

因此，建筑玻璃表面对流换热系数扩展模型为

$$CHTC(V_{10}, p) = \frac{(0.24 \times p + 8.05) \times (3.67 \times V_{10}^{0.81})}{8.48} \qquad (7-33)$$

为了验证上述扩展模型的准确性，如图 7-18 所示，在风速关系方面，对比了扩展模型与 Liu J 等[89] 提出的 CTHC 模型的差异，可以看出，在 0 ～

10 m/s 内，其归一化均方根误差（NRMSE）仅为 5.5%，R^2 高达 0.98，说明扩展模型可准确预测由风速变化引起的 CTHC 变化；而在沉积量方面，将扩展模型的 CTHC 预测值与实测值进行了对比，其 NRMSE 为 9.8%，R^2 为 0.85，仍满足精度要求。

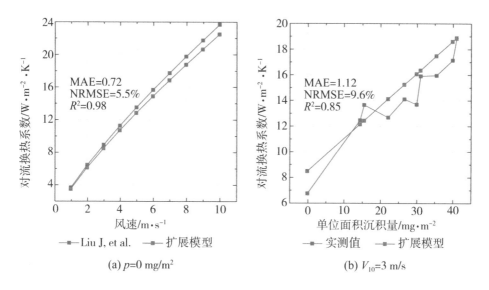

(a) $p=0$ mg/m^2 (b) $V_{10}=3$ m/s

图 7 - 18   对流换热系数扩展模型验证

我国建筑玻璃热工性能计算相关标准，如 JGJ/T 151—2008《建筑门窗玻璃幕墙热工计算规程》[90]、JGJ 113—2015《建筑玻璃应用技术规程》[91]等，均规定玻璃外表面 CHTC 为固定值或与风速简单地成线性关系，而本文提出的扩展模型一方面借鉴了 CHTC 与风速成幂函数关系的特点，另一方面基于 CHTC 与单位面积沉积量成线性关系的结论，使扩展模型可应用于当前主流能耗模拟软件中，从而预测盐雾气候区由盐分沉积引起的建筑能耗变化。

需要指出的是，本文并未建立适用于盐雾气候区的辐射换热系数扩展模型，其原因主要有以下几点：首先，短波辐射换热系数本质上与太阳辐射强度、吸收率密切相关，可通过玻璃的光热参数进行表征；其次，长波辐射换热系数受发射率等因素的影响，可通过理论公式[92]进行计算；此外，前人关于辐射换热系数的研究均未建立经验模型，能耗模拟软件中亦未嵌入相关模型。

第三节　建筑玻璃光热性能变化规律

一、　透射比、　反射比与表面沉积量之间的关系

如图 7 - 19a 所示，以 A - 0、A - 2 及 A - 5 试件为例，分析表面盐分沉积对 Low-E 玻璃全波段透射比的影响。可以看出，盐分沉积主要使 Low-E 玻璃的可见光透射比衰减，根据计算，其值由 39.8% 降至 26.2%，而其余波段的透射比变化不大。见图 7 - 19b，盐分沉积对反射比的影响规律与透射比一致，反射比随着沉积量增大而减小，根据计算，其可见光反射比由 15.7% 降至 4.6%。然而，其影响范围几乎覆盖全波段，且在近红外波段变化较大。

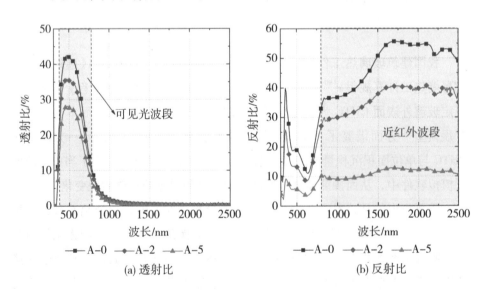

(a) 透射比　　　　　　　(b) 反射比

图 7 - 19　Low-E 玻璃在 300 ～ 2500 nm 波段内透、反射比随表面沉积量的变化情况

关于玻璃的可见光透射比，GB 50189—2015《公共建筑节能设计标准》[93] 要求，对于甲类公共建筑，若单一立面窗墙面积比 ≥ 0.40 时，透光材料的可

见光透射比不应小于40%(见其3.2.4条)。因此,在盐雾气候区,建筑设计阶段对 Low-E 玻璃进行选型时,应考虑建筑长期运行后玻璃表面产生盐分沉积的风险,从而对其可见光透射比进行适当富余设计,即使其初始值大于限值40%。

为了明确 Low-E 玻璃可见光透射比、反射比与表面沉积量之间的定量关系,如图7-20所示,利用线性函数拟合了上述函数关系,其相关系数 R^2 分别为0.93和0.89,说明拟合效果较好,其具体表达式为

$$VLT = -0.34 \times p + 40.3 \qquad (7-34)$$
$$VLR = -0.29 \times p + 16.3 \qquad (7-35)$$

其中,VLT 为可见光透射比(%);VLR 为可见光反射比(%);p 为单位面积沉积量(mg/m²)。

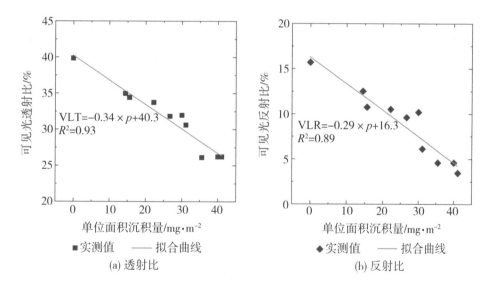

图7-20 Low-E 玻璃可见光透射比、反射比与表面沉积量之间的关系

观察公式(7-34)与(7-35)发现,对于 Low-E 玻璃而言,其可见光透射比、反射比均与表面盐分沉积量呈线性关系,均随着单位面积沉积量增大而减小,但可见光透射比随沉积量变化而变化的速度稍大于可见光反射比。根据公式(7-34),未来可预测 Low-E 玻璃在盐雾气候区使用后可见光透射比的衰减情况,从而在设计阶段确定其富余量,避免长期使用后影响建筑室内

的天然采光效果。

对于中空白玻，以 B-0、B-2 及 B-5 试件为例，如图 7-21 所示，盐分沉积使其全波段的透射比与反射比均降低，但透射比的变化幅度更为显著。当中空白玻的表面单位面积盐分沉积量由 0 增大至 40.0 mg/m² 后，其可见光透射比由 79.3% 降为 27.9%，可见光反射比则由 17.3% 降至 2.7%，盐分沉积后中空白玻的可见光透射比亦无法满足 GB 50189—2015《公共建筑节能设计标准》[93] 的要求（限值 40%）。

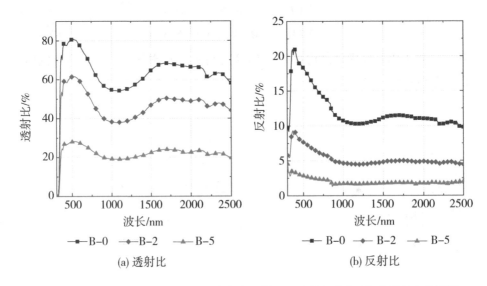

图 7-21　中空白玻 300～2500 nm 波段内透射比、反射比随表面沉积量的变化情况

为了明确中空白玻可见光透射比、反射比与表面沉积量之间的定量关系，如图 7-22 所示，利用线性函数拟合了上述函数关系，其相关系数 R^2 分别为 0.89 和 0.86，说明拟合效果较好，其具体表达式为

$$VLT = -1.12 \times p + 79.8 \qquad (7-36)$$
$$VLR = -0.32 \times p + 15.4 \qquad (7-37)$$

其中，VLT 为可见光透射比（%）；VLR 为可见光反射比（%）；p 为单位面积沉积量（mg/m²）。

中空白玻的可见光透射比、反射比均与表面盐分沉积量亦呈线性关系，但可见光透射比随沉积量变化而变化的速度显著大于可见光反射比。公式（7-36）与公式（7-34）的作用类似，可预测中空白玻在盐雾气候区使用后可见光透射比的衰减情况。

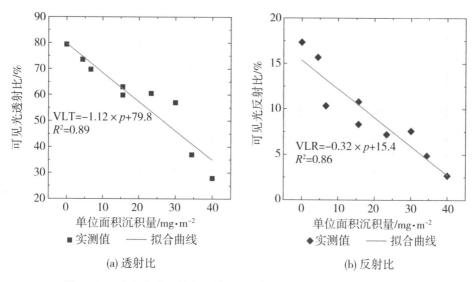

$VLT=-1.12 \times p+79.8$
$R^2=0.89$

■ 实测值　　—— 拟合曲线

(a) 透射比

$VLR=-0.32 \times p+15.4$
$R^2=0.86$

◆ 实测值　　—— 拟合曲线

(b) 反射比

图 7 - 22　中空白玻可见光透射比、反射比与表面沉积量之间的关系

二、　发射率与表面沉积量之间的关系

超白玻璃表面发射率与表面沉积量之间的关系如图 7 – 23 所示，可以看出，随着表面沉积量增大，玻璃表面发射率减小，当表面单位面积盐分沉积量由 0 增大至 41.1 mg/m² 后，其发射率最大降幅为 8.4%。

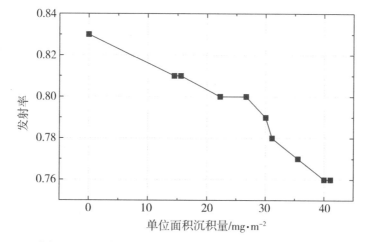

图 7 - 23　超白玻璃表面发射率与表面沉积量之间的关系

171

根据前人的研究，得出玻璃表面长波换热系数与表面发射率密切相关的结论，但这些研究未考虑建筑玻璃在盐分沉积后发射率的变化，故无法准确计算盐雾气候区建筑玻璃与环境之间的长波辐射换热量。因此，本文提出表面发射率修正系数 λ 对上述公式进行修正，其表达式如下：

$$\alpha_{RL} = C_b \cdot \lambda \cdot \varepsilon_0 \cdot \theta \qquad (7-38)$$

其中 α_{RL} 为长波辐射换热系数（$W \cdot m^{-2} \cdot K^{-1}$）；$C_b$ 为黑体辐射常数，值为 $5.67\,W/(m^2 \cdot K^4)$；ε_0 为材料表面原始发射率；θ 为温度因子（K^3）。

将盐分沉积后的玻璃表面发射率除以沉积前的发射率，从而对上述数据进行无量纲处理，其结果如图 7-24 所示，并拟合了修正系数 λ 与单位面积沉积量之间的函数关系，其相关系数 R^2 为 0.94，具体表达式为

$$\lambda = -2.12 \times 10^{-3} \times p + 1.01 \qquad (7-39)$$

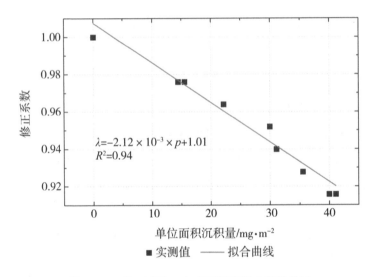

图 7-24　修正系数 λ 与表面沉积量之间的关系

观察公式(7-39)可知，修正系数 λ 与单位面积沉积量成线性函数关系，但其变化率（导数）极小，意味着对于盐分沉积量较小的建筑玻璃，其表面发射率无需进行修正。值得注意的是，由于盐分仅在建筑玻璃外表面沉积，根据公式(7-19)，太阳能总透射比与遮蔽系数仅与内表面发射率有关。因此，盐分沉积不会通过改变玻璃外表面发射率进而改变其遮蔽系数。

三、 遮蔽系数与表面沉积量之间的关系

根据前文，玻璃表面产生盐分沉积后其在全波段的透射比与反射比均有所降低，结合公式（7-13）可知，玻璃太阳光直接吸收比将显著增大，如图7-25所示，其中Low-E玻璃的太阳光直接吸收比由52.7%增大至81.6%，而中空白玻的太阳光直接吸收比由17.1%变为69.7%。由此可见，盐分沉积通过提高玻璃在太阳光谱全波段的吸收比，进而增强了玻璃对辐射热的吸收能力，因此，在实际使用中，玻璃表面易出现热量聚集而产生热应力集中并自爆，影响建筑使用寿命与周围行人安全。

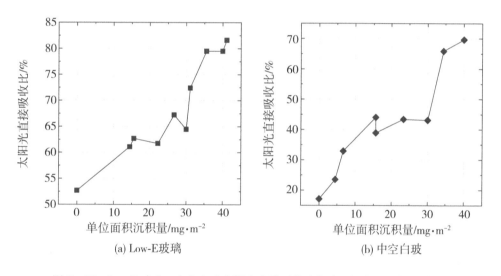

(a) Low-E玻璃　　　　(b) 中空白玻

图7-25　Low-E玻璃、中空白玻太阳光直接吸收比与表面沉积量之间的关系

如图7-26所示，Low-E玻璃和中空白玻的遮蔽系数均随着表面沉积量增大而减小，其原因是玻璃的太阳光直接透射比 τ_e 大幅衰减，虽然太阳光直接吸收比 α_e 显著增大，但根据公式（7-13），玻璃吸收的太阳辐射仅部分通过二次传热进入室内，二者综合作用下引起遮蔽系数减小。

此外，对两种玻璃而言，盐分沉积对Low-E玻璃遮蔽系数的影响较小，其最大变化值仅为0.05，变化幅度为13.2%；而中空白玻遮蔽系数的最大变化值为0.32，变化幅度达39.0%。上述结果表明，建筑玻璃表面盐分沉积可

改善其遮阳效果，并且对中空白玻的效果更为显著，但同时也牺牲了部分采光效果。

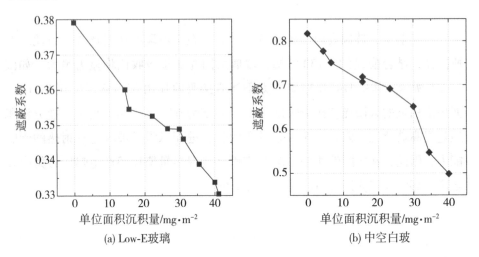

图 7-26　Low-E 玻璃、中空白玻遮蔽系数与表面沉积量之间的关系

为了准确预测盐分沉积引起的建筑玻璃光热性能变化，针对 Low-E 玻璃和中空白玻，本文分别提出修正系数 μ_L 与 μ_C，对其在盐雾气候区使用后的遮蔽系数进行修正。将盐分沉积后的玻璃表面遮蔽系数除以沉积前的遮蔽系数，从而对上述数据进行无量纲处理，其结果如图 7-27 所示，并拟合了修正系

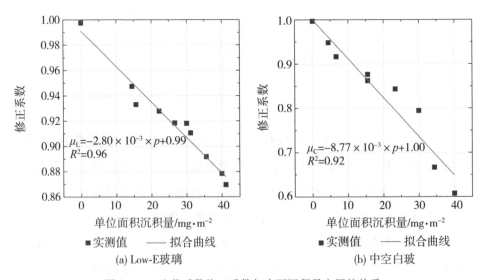

图 7-27　遮蔽系数修正系数与表面沉积量之间的关系

数与单位面积沉积量之间的函数关系，其相关系数 R^2 分别为 0.96 与 0.92，具体表达式为

$$\mu_{\mathrm{L}} = -2.80 \times 10^{-3} \times p + 0.99 \qquad (7-40)$$

$$\mu_{\mathrm{C}} = -8.77 \times 10^{3} \times p + 1.00 \qquad (7-41)$$

第四节　玻璃盐分沉积对建筑能耗的影响规律

一、能耗模拟方法

1. 模拟软件验证

EnergyPlus 是一个建筑能源模拟程序，用于模拟建筑的空调、照明、插座等消耗[94]。该软件由 NREL、能源部和其他各种国家实验室、学术机构和私人公司共同开发，并且对使用者开源。

（1）建筑模型

为了验证该软件模拟建筑能耗的准确性，选择位于罗马的典型欧洲办公单元作为参考建筑[95]，如图 7 - 28 所示，其供暖面积为 27 m²，体积为 81 m³。

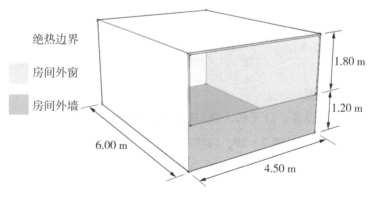

绝热边界

房间外窗

房间外墙

1.80 m

1.20 m

6.00 m

4.50 m

图 7 - 28　参考办公房间示意图[95]

除了南向的表面(窗墙比为60%)采用了环境边界条件,其余表面均设为绝热。当南向表面接收到的直射太阳辐射大于120 W/m² 时,遮挡率为70%的外部活动遮阳将被激活。

表7-3展示了上述办公房间外墙和窗户的热工性能,如传热系数(K)、太阳辐射得热系数(SHGC)和太阳透过率(τ_{sol}),其中传热系数可以通过框和玻璃传热系数的面积加权来计算。

表7-3　南向表面的主要热工性能[95]

围护结构	热工性能
外墙	$K_{ext,wall} = 0.80\ W/(m^2 \cdot K)$
	$K_{win} = 1.26\ W/(m^2 \cdot K)$
外窗	SHGC = 0.33
	$\tau_{sol} = 26\%$

(2)边界条件

罗马是典型的地中海气候城市,本文使用当地的典型气象年数据作为模拟的边界条件,表7-4摘录了罗马的年平均环境温度($T_{amb,av}$)、相对湿度($RH_{amb,av}$)、风速($V_{amb,av}$)、水平表面的年总辐照度($I_{g,hor}$)和南向垂直表面的年辐照度(I_{south})。

表7-4　主要边界条件[95]

地点	$T_{amb,av}$ (℃)	$RH_{amb,av}$ (%)	$V_{amb,av}$ (m/s)	$I_{g,hor}$ (kW·h/m²)	I_{south} (kW·h/m²)
罗马	15.8	77.7	3.7	1632	1253

(3)热扰设置

房间热扰(设备、灯光和人员)按照小时精度进行设置,并分为工作日和周末,具体时间表见图7-29,以模拟现实的使用行为。

考虑房间与室外的空气自然渗透,将换气次数设为0.15 次/h,而机械通风系统向每人提供40 m³/h的新风量。此外,辅助设置显热回收装置的效率为70%,当室内空气温度高于23℃或环境温度时,热回收系统将停止工作。

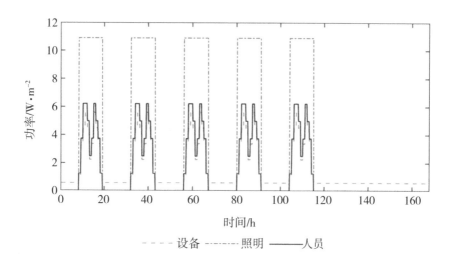

图 7 - 29　设备、照明和人员热扰[96]

所有模型均采用简化的理想全空气冷热系统，用于制热和制冷控制的室内空气温度设定点分别为 21℃ 和 25℃，当温度在 21～25℃ 之间时，冷却系统和加热系统均不运行。

（4）验证结果

如图 7 - 30～图 7 - 32 所示，依次以室内空气温度、采暖及制冷能耗 3 个参数与 Magni M 等[95] 的结果进行对比，并以平均绝对误差 MAE、均方根误差 RMSE 及决定系数 R^2 作为精度评价指标。可以看出，本文针对室内空气温度和制冷能耗 2 个参数的预测更为准确（R^2 分别为 0.98 与 0.97），而采暖能耗的预测精度稍差（R^2 仅为 0.79）。根据 ASHRAE Guideline 14—2014[97] 的规定，比较不同数据集之间的偏差时需使用归一化指数，对于建筑模型的验证，逐时数据的归一化均方根误差 NRMSE 应小于 30%，R^2 应大于 0.75。计算结果表明，室内空气温度、采暖及制冷能耗对应的 NRMSE 依次为 0.1%、16.8% 及 12.1%，满足建筑模型验证的精度要求。

$$\mathrm{MAE} = \frac{1}{m} \sum_{i=1}^{m} | (y_i - \hat{y}_i) | \tag{7 - 42}$$

$$\mathrm{RMSE} = \sqrt{\frac{1}{m} \sum_{i=1}^{m} (y_i - \hat{y}_i)^2} \tag{7 - 43}$$

$$\text{NRMSE} = \frac{\text{RMSE}}{\frac{1}{m}\sum_{i=1}^{m} y_i} \tag{7-44}$$

$$R^2 = 1 - \frac{\sum_{i=1}^{m}(y_i - \hat{y}_i)^2}{\sum_{i=1}^{m}\sum(y_i - \bar{y}_i)^2} \tag{7-45}$$

式中，m 为数据样本个数，此处取 8760；y_i 与 $\hat{y}_i$ 分别为 Magni M 等[95] 与本次模拟的逐时数据；$\bar{y}_i$ 则为所有 y_i 样本的平均值。

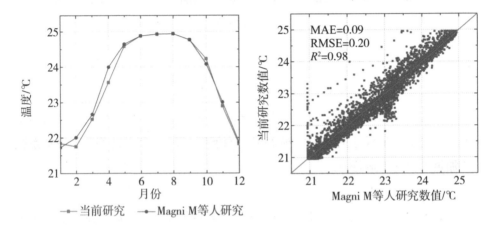

图 7 – 30　室内逐月平均空气温度对比

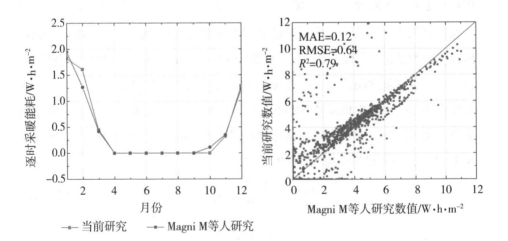

图 7 – 31　逐时单位面积采暖能耗对比

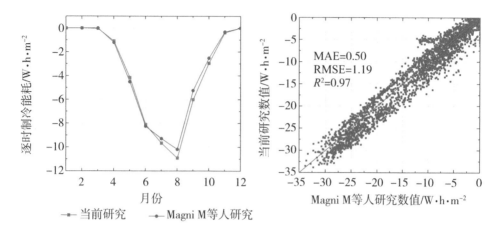

图 7 - 32　逐时单位面积制冷能耗对比

2. 建筑描述与气象条件

为了使模拟结果具有代表性与普适性，研究应采用各地的典型建筑模型作为模拟对象。典型模型虽是对实际建筑的简化模型，但能反映同一类建筑的普遍特性，可作为分析各类技术效果的基础模型。国内外相关研究一方面利用统计方法针对不同国家和地区的典型建筑模型进行提取归纳[98 - 101]，另一方面借助典型模型研究了诸多节能技术对室内光热环境与建筑能耗的影响规律[102 - 104]。

由于玻璃幕墙大规模应用于公共建筑中，因此本章以公共建筑为模拟研究对象，根据陈智博等[99]、彭惠旺[100]的研究结果，我国典型高层办公建筑的单层建筑面积约为 1800 m², 层高 4.1 m, 层数 29 层，整体高度为 118.9 m, 体形系数 0.11, 窗墙面积比为 0.80, 如图 7 - 33 所示。建筑平面长宽比为 1.55, 主要包括多人办公室、开放办公室、会议室、单人办公室等空间类型，除核心筒属于非空调区域外，其他房间均进行空调控温，见图 7 - 34。

根据统计，我国海岸线跨越 4 类热工气候区，依次为寒冷地区、夏热冬冷地区、夏热冬暖地区及温和地区，本文为了研究盐分沉积对建筑能耗的影响，在上述热工分区中各选择一个典型的滨海城市，并以当地的典型气象年数据作为建筑能耗模拟的边界条件，如表 7 - 5 所示。

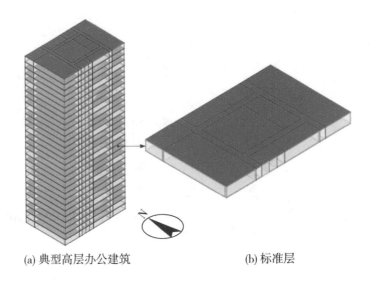

(a) 典型高层办公建筑   (b) 标准层

图 7-33   典型高层办公建筑与标准层模型

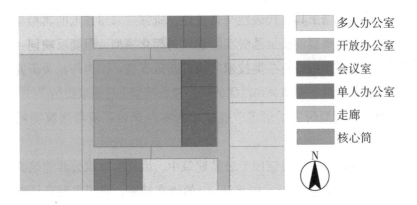

多人办公室

开放办公室

会议室

单人办公室

走廊

核心筒

图 7-34   典型高层办公建筑平面示意图

表 7-5   不同热工分区的典型滨海城市

热工分区	寒冷地区	夏热冬冷地区	夏热冬暖地区	温和地区
代表城市	大连	上海	深圳	北海
$T_{amb,av}$（℃）	11.0	16.6	22.9	22.4
$RH_{amb,av}$（%）	63.6	75.9	78.3	79.7
$V_{amb,av}$（m/s）	4.8	3.3	2.6	2.4
$I_{amb,g,hor}$（$W \cdot h/m^2$）	307.3	286.3	342.5	292.8

3. 围护结构热工性能

不同热工分区建筑围护结构热工性能如表 7 -6 所示,以满足 GB 50189—2015《公共建筑节能设计标准》[93] 的要求。根据前文的结论,外窗的传热系数几乎不受表面盐分沉积的影响,因此当玻璃表面沉积量变化时,其值无需进行修正。需要指出的是,VLT 的取值须在 SHGC 满足标准要求的基础上尽量大(至少大于 40%),以提高室内的天然采光效果。

表 7 -6 不同热工分区的建筑围护结构热工性能

热工分区 围护结构		寒冷地区 (大连)	夏热冬冷地区 (上海)	夏热冬暖地区 (深圳)	温和地区 (北海)
屋面($K/\mathrm{W \cdot m^{-2} \cdot K^{-1}}$)		≤0.45	≤0.50	≤0.80	≤0.80
外墙($K/\mathrm{W \cdot m^{-2} \cdot K^{-1}}$)		≤0.50	≤0.80	≤1.5	≤1.5
非供暖楼梯间与供暖房间的隔墙 ($K/\mathrm{W \cdot m^{-2} \cdot K^{-1}}$)		≤1.5	—	—	—
外窗(包括透光幕墙)	K	≤1.5	≤1.8	≤2.0	≤2.0
	SHGC	≤0.30/0.52	≤0.24/0.30	≤0.18/0.26	≤0.24/0.30
	VLT	60%	55%	40%	55%

盐分沉积将影响外窗(包括透光幕墙)的热工性能,包括其外表面 CHTC、VLT、SHGC 等参数。根据加速盐雾试验的结果显示,本章设置多个盐分沉积工况,对应的单位面积沉积量范围为 0 ~ 40 mg/m²,公差为 5 mg/m²。因此,基于前文提出的数学修正模型,不同工况对应的外窗(包括透光幕墙)外表面对流换热系数模型如图 7 -35 所示,并且适用于不同热工分区。

VLT 与 SHGC 在不同热工分区的取值存在差异,其在 4 个热工分区不同沉积量下的值如图 7 -36 所示。

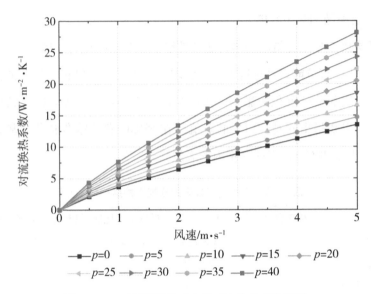

图 7 - 35　不同沉积量对应的对流换热系数模型

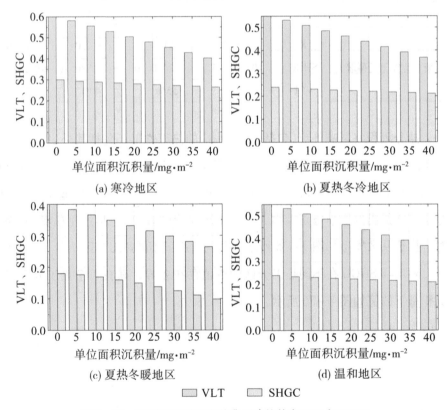

图 7 - 36　不同沉积量对应的典型建筑外窗 VLT 与 SHGC

4. 内扰设置

根据 GB 50189—2015《公共建筑节能设计标准》[93]的规定，对典型办公建筑的人员密度、照明功率密度、设备功率密度和人均新风量进行设定，如表 7-7 所示。

表 7-7　办公建筑人员密度、照明功率密度、设备功率密度及人均新风量参数

房间类型	人员密度 （m²/人）	照明功率密度 （W/m²）	设备功率密度 （W/m²）	人均新风量 [m³/(h·人)]
单人办公室	1	9	20	30
多人办公室	8	9	15	30
开放办公室	4	9	15	30
会议室	2.5	9	5	14
走廊	50	5	0	30

除人员密度、设备功率密度等基础参数外，室内热扰参数逐时变化率亦是建筑能耗预测准确性的关键。由于办公建筑属于公共建筑，其运行规律较为固定，故本文采用固定计划表的形式并依据 GB 50189—2015《公共建筑节能设计标准》[93]的推荐值对其进行设定，如图 7-37 所示。

空调系统则采用简化的理想全空气冷热系统，用于制热和制冷控制的室内空气温度设定点分别为 20℃ 和 26℃。关于照明控制，根据 GB 50033—2013《建筑采光设计标准》[105]，若采光照度在 450 lux 以上，则关闭照明，否则开启照明使照度水平保持在最低 450 lux。

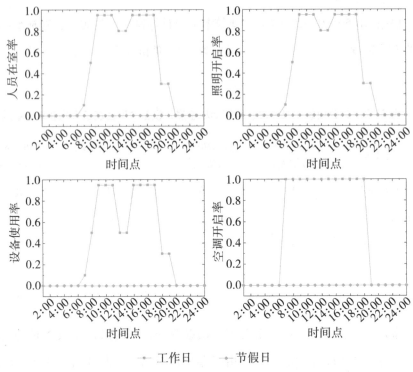

图7-37 办公建筑室内热扰参数变化率

二、 室内光热环境差异

为了减少其他围护结构对室内光热环境的影响,突出外窗不同性能引起的差异,选择南向的多人办公室作为分析对象,该房间仅有唯一的外窗作为外围护结构,其余墙体与楼板均为内围护结构,如图7-38所示。

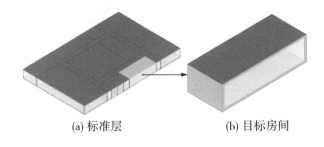

(a) 标准层   (b) 目标房间

图7-38 目标房间选取

为了凸显围护结构热工性能对室内光热环境的影响，控制空调系统全年均处于关闭状态，对比不同工况下房间全年室内自然室温与平均辐射温度（MRT）分布，如图7-39所示。可以看出，以工况 P-0、P-20 及 P-40 为例，在不同的热工分区，与无盐工况（P-0）相比，建筑玻璃表面盐分沉积使得房间室内的年平均空气温度与 MRT 均降低，并且随着沉积量增大，降温值逐渐变大。然而，盐分沉积在不同热工分区的降温效果有所差异，以空气温度为例，在四个分区中的最大温降依次为 0.9℃、1.1℃、2.5℃ 及 0.8℃，其中在夏热冬暖地区的降温效果最为显著。

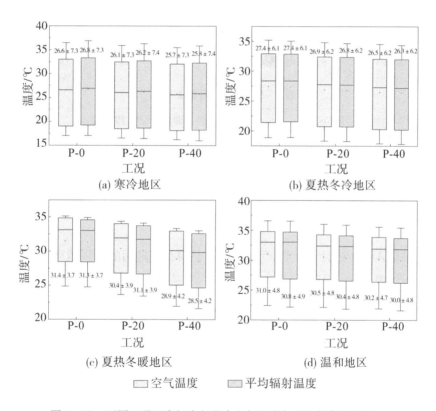

图7-39 不同工况下房间全年室内空气温度与平均辐射温度分布

为了进一步分析盐分沉积对建筑室内热舒适水平的影响，应采用适宜的热舒适指标对其进行评价。Yao R 等[106]指出，在无人工冷/热源控温的房间内，自适应预测平均投票（adaptive predicted mean vote，APMV）模型更适合描述人员的热舒适水平，并可解释在自由运行建筑中预测平均投票（Predicted

Mean Vote，PMV)[107]大于实际平均投票(Actual Mean Vote，AMV)的现象。此外，国家标准 GB/T 50785—2012《民用建筑室内热湿环境评价标准》[108]亦采用了上述研究成果。

因此，本文采用 APMV 来评价室内热舒适水平的差异，其计算公式如下：

$$APMV = \frac{PMV}{1 + \lambda \cdot PMV} \qquad (7-46)$$

其中，λ 是自适应系数，与当地气候、建筑类型、人体适应性等因素有关，其取值方法见表7-8。而在计算 PMV 时，室内空气温度、相对湿度及 MRT 均来源于模拟结果；新陈代谢率均设为人体静坐时对应的 1.0 met（58.15 W/m^2）；而室内风速与服装热阻在冬夏季有所不同，其中室内风速在冬季与夏季分别设为 0.1 m/s 与 0.5 m/s，服装热阻则分别设为 1.0 clo 与 0.5 clo（0.08 $m^2 \cdot K/W$）。

表7-8　自适应系数 λ 取值[108]

气候区		居住、商业办公、旅馆建筑	教育建筑
严寒、寒冷地区	PMV≥0	0.24	0.21
	PMV<0	−0.50	−0.29
夏热冬冷、夏热冬暖 及温和地区	PMV≥0	0.21	0.17
	PMV<0	−0.49	−0.28

根据 APMV 的计算结果，无人工冷/热源控温房间的热环境可划分为三个等级，如表7-9所示。

表7-9　非人工冷/热源热湿环境评价等级[108]

等级	APMV	描述
Ⅰ	−0.5≤APMV≤0.5	舒适
Ⅱ	−1<APMV≤−0.5 或 0.5<APMV≤1	稍不舒适，仍可接受
Ⅲ	APMV<−1 或 APMV>1	不舒适，不可接受

如图7-40所示，以冬、夏季典型日为例，展示了盐分沉积对建筑室内热舒适水平的影响规律。可以看出，盐分沉积均可降低冬、夏季不同地区室内 APMV，但其效果存在季节与地域差异。在冬季，APMV 在四个分区的最大降幅依次为6.5%、11.2%、94.6%及72.2%，在夏热冬暖地区效果最显著，

其次是温和地区；而在夏季，其在四个分区的最大降幅依次为 8.3%、4.5%、13.7% 及 4.4%，在夏热冬暖地区效果最显著，其次是寒冷地区。

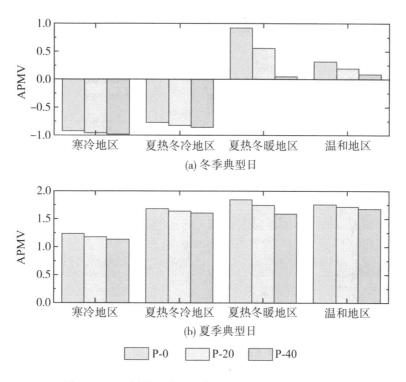

(a) 冬季典型日

(b) 夏季典型日

P-0   P-20   P-40

图 7-40　不同热工分区室内 APMV 随沉积量变化规律

盐分沉积可改善各地区夏季与夏热冬暖、温和地区冬季室内热舒适水平，但寒冷与夏热冬冷地区的冬季室内热舒适将恶化。其原因是，在冬季寒冷地区与夏热冬冷地区室内 APMV 小于 0，室内人员的冷感觉随着其值减小而愈发强烈，室内热舒适水平将逐渐由Ⅱ级降为Ⅲ级。

为了直观展示盐分沉积对室内光环境的影响，如图 7-41 所示，展示了各地区夏季典型日上午 7：00 的室内照度分布。随着盐分沉积量增大，玻璃可见光透过率逐渐减小，因此室内照度水平逐渐降低。根据 GB 50033—2013《建筑采光设计标准》[105]的规定，办公室侧面采光对应的室内天然光照度限值为 450 lux，玻璃表面盐分沉积将使得室内采光不达标面积比例逐渐增大。这会影响建筑实际运行过程中使用者的工作效率与心理感受，并且不利于降低建筑照明能耗。

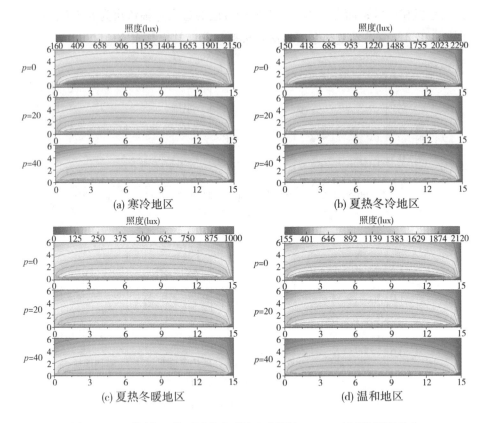

图 7 - 41　不同热工分区夏季典型日室内距地 0.75 m 高度处照度分布

　　此外，为了定量分析盐分沉积对室内天然采光的负面效应，图 7 - 42 展示了不同工况下房间采光系数与达标（照度≥450 lux）时长分布。随着沉积量增大，室内采光系数逐渐减小，四个热工分区的最大降低值依次为 2.3%、2.2%、1.7% 及 2.2%，但目标房间南向窗墙比为 0.8，因此盐分沉积后其室内采光系数仍满足 GB 50033—2013《建筑采光设计标准》[105] 的要求（采光系数≥3.0%）。然而，对于内区房间或进深较大的外区房间，可以预计盐分沉积将使其室内采光系数无法大于标准值，从而需要开启人工照明进行补充。

　　如图 7 - 42 所示，与无盐工况相比，四个热工分区的室内照度达标时长依次减小了 244 h、281 h、257 h 及 241 h，这相当于延长了各地区的人工照明时间。而对于内区房间或进深较大的外区房间，人工照明时间将更为显著地增加。

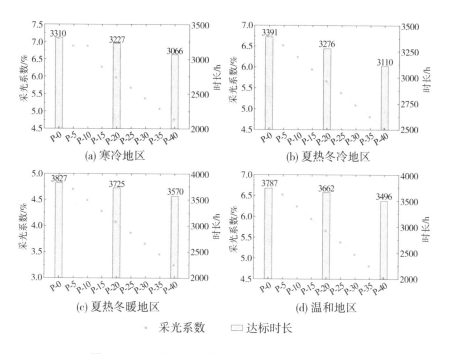

• 采光系数　□ 达标时长

图 7 – 42　不同工况下房间采光系数与达标时长分布

三、　建筑能耗对比

正如前文所述，盐分沉积导致建筑玻璃表面换热系数和光热性能发生变化，因此对应的建筑能耗也将发生变化。如图 7 – 43 所示，展示了不同工况下建筑逐月单位面积分项能耗（制冷、采暖及照明能耗）的变化规律，可以看出，盐分沉积可降低不同热工分区的建筑制冷能耗，但将导致采暖与照明能耗升高。空调能耗表现出与季节的强相关性，即夏季与冬季分别以制冷能耗与采暖能耗为主。但对于夏热冬暖与温和地区，上述两地区的建筑采暖能耗几乎为 0，全年以制冷能耗为主，其原因一方面是当地冬季偏暖，另一方面则是该典型建筑为全玻璃幕墙建筑，窗墙比高达 0.8，冬季仍可进行被动采暖。而照明能耗在寒冷地区与季节的关系较密切，在其他地区随时间的变化情况相对稳定。

含盐条件建筑材料热工性能

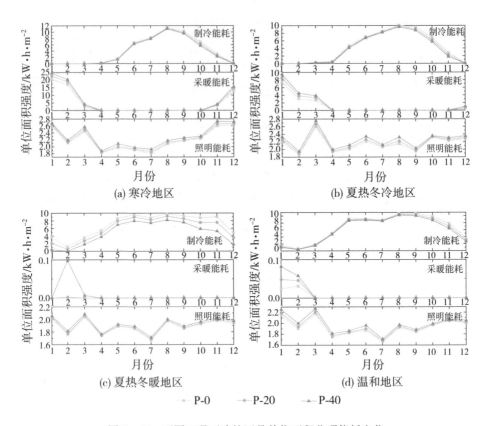

图 7-43　不同工况下建筑逐月单位面积分项能耗变化

　　图 7-44 进一步展示了各热工分区当玻璃表面单位面积沉积量由 0 增大至 40.0 mg/m² 后建筑全年单位面积分项能耗的变化规律，各热工分区制冷、采暖及照明的最大变化幅度如表 7-10 所示。盐分沉积可降低不同热工分区的建筑制冷能耗，但将导致采暖与照明能耗升高。具体而言，夏热冬暖地区制冷能耗的降幅（30.6%）显著大于其他地区（9.1%～10.2%），夏热冬冷地区采暖能耗的增幅（41.2%）远大于寒冷地区（24.2%），而各地区的照明能耗增幅差异不大（2.2%～4.5%）。需要说明的是，夏热冬暖与温和地区的采暖能耗极小，因此不纳入计算。

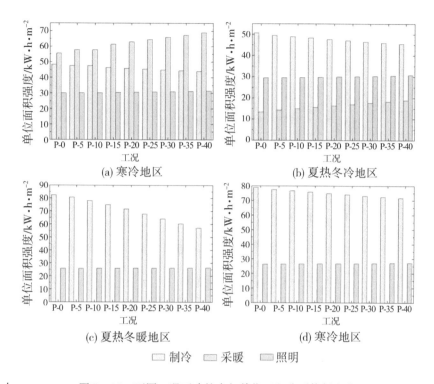

图 7 - 44　不同工况下建筑全年单位面积分项能耗变化

表 7 - 10　各热工分区全年分项能耗最大变化幅度

热工分区	制冷能耗	采暖能耗	照明能耗
寒冷地区	-9.2%	24.2%	4.2%
夏热冬冷地区	-10.2%	41.2%	4.5%
夏热冬暖地区	-30.6%	—	2.2%
温和地区	-9.1%	—	3.2%

　　寒冷与夏热冬冷地区建筑总能耗随着沉积量增大而升高，最大增幅分别为 7.7% 与 1.7%，夏热冬暖与温和地区建筑总能耗则随沉积量增大而降低，最大降幅分别为 23.6% 与 6.3%，如图 7 - 45 所示。上述结果表明，盐分沉积导致建筑玻璃外表面换热系数增大与遮蔽系数减小，进而降低了以制冷需求为主地区(如夏热冬暖地区)的建筑能耗，而增加了以采暖需求为主地区(如寒冷地区)的建筑能耗。

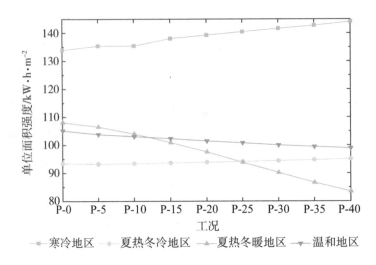

图 7-45　不同工况下建筑全年单位面积总能耗

　　需要指出的是，本研究未将各地区典型办公建筑能耗与实际建筑能耗进行对比验证，其原因主要是典型建筑模型是基于大量实际建筑的普遍特征而生成的虚拟建筑，因此无法找到与之对应的实际建筑并获取其运行能耗。此外，能耗模拟过程中围护结构热工性能、内扰等参数均基于 GB 50189—2015《公共建筑节能设计标准》[93] 的推荐值，与实际建筑对应的各参数存在差异。

　　然而，在缺乏实际建筑能耗进行验证的前提下，仍可根据 GB/T 51161—2016《民用建筑能耗标准》[109] 对模拟结果的合理性进行评估，标准中的能耗约束值是综合考虑了各地区当前建筑节能技术水平和经济社会发展需求，而确定的相对合理的建筑能耗指标值，可代表各地区建筑能耗的普遍水平。

　　此处分别取寒冷地区与夏热冬暖地区的能耗模拟结果与相应的能耗约束值进行对比，以充分验证模拟的准确性。对于寒冷地区，无盐工况下的建筑制冷、采暖及照明能耗依次为 48.4 kW·h/m²、55.5 kW·h/m² 及 30.1 kW·h/m²，总能耗为 133.9 kW·h/m²。而 GB/T 51161—2016《民用建筑能耗标准》[109] 对寒冷地区办公建筑非供暖能耗指标的约束值为 65 kW·h/m²，供暖能耗指标约束值经折算为 91.7 kW·h/m²，即总能耗指标约束值为 156.7 kW·h/m²。模拟结果比约束值低 14.6%，相对误差小于 15%，造成相对误差的主要原因是模拟结果未统计通风、生活热水、电梯等所使用的建筑能耗。

而夏热冬暖地区，无盐工况下的建筑制冷、采暖及照明能耗依次为 82.4 $kW \cdot h/m^2$、0 及 25.8 $kW \cdot h/m^2$，总能耗为 108.2 $kW \cdot h/m^2$。根据 DBJ/T 15—126—2017《广东省公共建筑能耗标准》[110] 的规定，该典型办公建筑取为 B 类公共建筑，其能耗指标约束值应按照公式(7-47)进行修正。

$$E_{cvz} = E_{cv} \cdot n \qquad (7-47)$$

其中，E_{cvz} 为广东省各地区 B 类公共建筑能耗指标约束值[$kW \cdot h/(m^2 \cdot a)$]；E_{cv} 为 B 类公共建筑能耗指标约束值[$kW \cdot h/(m^2 \cdot a)$]，办公建筑约束值为 100 $kW \cdot h/(m^2 \cdot a)$；n 为广东省各地区 B 类公共建筑地区用能水平系数，其中广州、深圳为 1.2。因此，深圳地区 B 类公共建筑能耗指标约束值为 120 $kW \cdot h/(m^2 \cdot a)$，模拟结果比约束值低 9.8%。造成误差的原因仍是模拟结果未考虑通风、生活热水、电梯等建筑能耗。

虽然本文考虑了建筑玻璃盐分沉积对室内光热环境与能耗的影响，但在实际情况中盐分沉积将随着气候、季节、人行为等因素而变化，而非在全年内均保持稳定不变。因此，上述结果仅基于沉积量全年稳定不变这一假设，但仍能说明盐分沉积在各地区产生的正面与负面效应。未来应基于表面盐分沉积特性与暴露时间、气象条件等因素的定量关系，建立描述建筑玻璃热工性能全年动态变化规律的模型，从而更为准确地预测盐雾气候区的建筑能耗。

参考文献

［1］ 胡乔木. 中国大百科全书：中国地理［M］. 北京：中国大百科全书出版社，1993.

［2］ 舟山市地方志编纂委员会. 舟山市志［M］. 杭州：浙江人民出版社，1992.

［3］ GUERGUER M, EDFOUF Z, RACCURT O. Comparison of two methods used to evaluate the aggressivity of a Moroccan marine site on solar mirrors［C］. 2016 International Renewable and Sustainable Energy Conference (IRSEC)，2016：362—366.

［4］ 潘莹，张三平，周建龙，等. 大气环境中有机涂层的老化机理及影响因素［J］. 涂料工业，2010，40(4)：68—72.

［5］ 朱永华，姚敬华，林仲玉，等. 用人工加速老化法比较聚氨酯面漆和丙烯酸磁漆的性能［J］. 材料保护，2005(5)：57—59，79.

［6］ 王磊. 水性聚氨酯涂料技术的发展研究论述［J］. 化工管理，2018(17)：163.

［7］ 李长贺. 干湿交替下氯离子在混凝土中传输机理及模型研究［D］. 郑州：郑州大学，2014.

［8］ 丁小雅. 水分和氯离子在再生混凝土中的传输机理［D］. 青岛：青岛理工大学，2018.

［9］ 杨辉，杨闻，郭兴忠，等. 建筑节能门窗及技术研究现状［J］. 新型建筑材料，2012，39(9)：84—89.

［10］ WIJEYSUNDERA N E, JAYAMAHA S E G. Heat flow from walls under transient Rain Conditions［J］. Journal of Thermal Insulation and Building Enverlopes, 1993 (17)：118—143.

［11］ MIRSADEGHI M, CÓSTOLA D, BLOCKEN B, et al. Review of external convective heat transfer coefficient models in building energy simulation programs：Implementation and Uncertainty［J］. Applied Thermal Engineering, 2013, 56(1)：134—151.

［12］ 黄惊，刘士清，唐小虎，等. 夏热冬冷地区办公建筑外窗热工性能及节能效果分析［J］. 建筑节能，2019，47：88—92.

［13］ 海南省史志工作办公室. 海南省志：第2卷 气象志 地震志［M］. 海口：海南出版社，2004.

［14］ 陈上及. 中国近海季风和热带气旋活动的气候特征及其对南海水文季节结构的影响［J］. 海洋学报(中文版)，1994(1)：1—11.

［15］ 王启，丁一汇. 南海夏季风演变的气候学特征［J］. 气象学报，1997(4)：83—100.

［16］ 李汀，琚建华. 孟加拉湾西南季风与南海热带季风的气候特征比较［J］. 地球物理学报，2013(1)：27—37.

[17] 孙超，刘永学，李满春，等. 近 35 年来热带风暴对我国南海岛礁的影响分析[J]. 国土资源遥感，2014(3)：135—140.

[18] 张寶堃. 中国四季之分配[J]. 地理学报，1934(1)：29—74，198.

[19] 住房和城乡建设部. 建筑气候区划标准：GB 50178—93[S]. [出版地不详]：[出版者不详]，1993.

[20] KRÜGER E, CRUZ E G, GIVONI B. Effectiveness of indirect evaporative cooling and thermal mass in a hot arid climate[J]. Building & Environment, 2010, 45 (6)：1422—1433.

[21] 陈上及，何维焕，姚湜予，等. 中国近海海洋水文气候季节的划分[J]. 海洋学报(中文版)，1992(6)：1—11.

[22] 吴兑，项培英，常业谛，等. 西沙永兴岛降水的酸度及其化学组成[J]. 气象学报，1989(3)：381—384.

[23] 吴兑. 南海北部大气气溶胶水溶性成分谱分布特征[J]. 大气科学，1995(5)：615—622.

[24] 吴兑，游积平，关越坚. 西沙群岛大气中海盐粒子的分布特征[J]. 热带气象学报，1996(2)：122—129.

[25] 章霆芳，章伯其. 湿空气饱和水蒸气压力与温度关系式的改进与应用[J]. 制冷空调与电力机械，2005(4)：43—45，56.

[26] 孟庆林，王志刚，赵立华. 建筑能耗分析用逐时降雨模型(1)：降雨判断[J]. 暖通空调，2006(12)：18—21，13.

[27] 李天富. 南海中部的太阳总辐射特征研究[J]. 热带气象学报，2003(3)：334—336.

[28] 缪启龙，王勇. 中国四季的划分及其变化特征分析[C]. 北京：中国气象学会，2007 (9).

[29] 林晓能，宋萍萍. 南海一次典型海雾过程的特征分析[J]. 海洋预报，1990(4)：75—78.

[30] 岳岩裕. 春季南海海雾微观特征和雾水化学组分的观测研究[D]. 南京：南京信息工程大学，2013.

[31] 徐峰，牛生杰，张羽，等. 湛江东海岛春季海雾雾水化学特性分析[J]. 中国环境科学，2011(3)：353—360.

[32] 巫铭礼. 自然界中的盐雾[J]. 环境技术，1993(4)：3—8.

[33] 吴兑，关越坚，毛伟康，等. 广州盛夏期海盐核(Cl⁻)巨粒子的分布特征[J]. 大气科学，1991(5)：124—128.

[34] 刘倩，王体健，李树，等. 海盐气溶胶影响酸碱气体及无机盐气溶胶的敏感性试验[J]. 气候与环境研究，2008(5)：598—607.

[35] 王珉，胡敏. 青岛沿海大气气溶胶中海盐源的贡献[J]. 环境科学，2000(5)：83—85.

[36] 赵春生，彭大勇，段英. 海盐气溶胶和硫酸盐气溶胶在云微物理过程中的作用[J].

应用气象学报, 2005(4): 417—425.

[37] LEWIS E R. The effect of surface tension (Kelvin effect) on the equilibrium radius of a hygroscopic aqueous aerosol particle[J]. Journal of Aerosol Science, 2006, 37(11): 1605—1617.

[38] OLYNYK P, GORDON A R. The vapor pressure of aqueous solutions of sodium chloride at 20, 25 and 30° for concentrations from 2 molal to saturation[J]. Journal of the American Chemical Society, 2002, 65(2): 224—226.

[39] 陈慧忠, 吴兑, 廖碧婷, 等. 不同酸性气体及相对湿度对海盐氯损耗过程的影响[J]. 环境科学学报, 2013, 33(4): 1141—1149.

[40] 陶有迁. 超声雾化在盐雾试验中的应用[J]. 电子产品可靠性与环境试验, 2000(3): 27—30.

[41] 史磊. 海上升压站设备冷却技术研究[D]. 广州: 华南理工大学, 2012.

[42] 赵宇, 王勤韧, 陈江平, 等. 电化学腐蚀对翅片管换热器性能的影响[J]. 化工学报, 2010(1): 22—26.

[43] 朱建勇, 曾玉琴, 邝军, 等. 不同浓度氯化钠溶液超声雾化吸入对支气管哮喘急性发作期患者血氧饱和度和肺通气功能的影响[J]. 西部医学, 2011(1): 28—30.

[44] 赵子竞. 加湿除湿海水淡化喷雾过程仿真与实验研究[D]. 天津: 中国民航大学, 2015.

[45] 原郭丰, 赵子竞, JOHANSON J B, 等. 雾化加湿中的液滴蒸发与加湿过程数值分析[J]. 太阳能学报, 2016(5): 1352—1358.

[46] 黄晖, 姚熹, 汪敏强, 等. 超声雾化系统的雾化性能测试[J]. 压电与声光, 2004(1): 62—64.

[47] DEMOZ B B, JR J L C, JR B C D. On the caltech active strand cloudwater collectors [J]. Atmospheric Research, 1996, 41(1): 47—62.

[48] 韦桂欢, 张洪彬, 原霞. 离子色谱法测定潜艇舱室气体中无机阴离子研究[J]. 舰船科学技术, 2003(S1): 27—29.

[49] 胡培勤, 戴桂勋, 张春和, 等. 空气中氯化氢的离子色谱测定法[J]. 环境与健康杂志, 2006(3): 273—274.

[50] ZHANG L, FENG Y, MENG Q, et al. Experimental study on the building evaporative cooling by using the Climatic Wind Tunnel[J]. Energy & Buildings, 2015, 104: 360—368.

[51] 邹芙容, 纪文君, 赵惠智, 等. 压缩式雾化吸入与超声雾化吸入在急慢性咽炎治疗中疗效分析[J]. 航空航天医学杂志, 2017(4): 483—484.

[52] 蒋龙海, 谢国梁, 王庆安, 等. 相对大气光学质量[J]. 气象科学, 1983(1): 95—101.

[53] 中国建筑卫生陶瓷协会. 建筑卫生陶瓷分类及术语: GB/T 9195—2011[S]. [出版者

不详］：［出版地不详］，2011.

［54］ ZHANG Y, ZHANG L, PAN Z, et al. Hydrological properties and solar evaporative cooling performance of porous clay tiles[J]. Constr Build Mater, 2017, 151：9—17.

［55］ 约翰·O·西蒙兹. 景观设计学：场地规划与设计手册(第 4 版)[M]. 北京：建筑工业出版社, 2009：267—270.

［56］ 李麟学. 知识·话语·范式：能量与热力学建筑的历史图景及当代前沿[J]. 时代建筑, 2015(2)：10—16.

［57］ 丁艳彬. 中国建筑能耗研究报告显示：我国碳减排进入总量控制阶段[J]. 建筑设计管理, 2017(1)：58.

［58］ MIYAZAKI T, AKISAWA A, NIKAI I. The cooling performance of a building integrated evaporative cooling system driven by solar energy[J]. Energy & Buildings, 2011, 43(9)：2211—2218.

［59］ CENTER U S N P S D S. Guiding principles of sustainable design[M]. U. S. Dept of the Interi or, National Park Service, Denver Service Center, 1993.

［60］ 住房和城乡建设部. 建筑料涂层试板的制备：JG/T 23—2001[S]. 北京：中国标准出版社, 2001.

［61］ Paints and varnishes Determination of resistance to cyclic corrosions coditions：ISO1 1997—2—2013 [S]. British：BSI Standards Limited, 2013.

［62］ QU J, GUAN S, QIN J, et al. Estimates of cooling effect and energy savings for a cool white coating used on the roof of scale model buildings [C]//Technical Center, China State Construction Engineering, 2017：18.

［63］ LEVINSON R, EGOLF M , CHEN S, et al. Experimental comparison of pyranometer, reflectometer, and spectrophotometer methods for the measurement of roofing product albedo [J]. Sol Energy, 2020, 206：826—847.

［64］ 李令令. 建筑表面复杂换热条件的风洞实验方法研究[D]. 广州：华南理工大学, 2019.

［65］ 刘艳峰, 刘加平. 建筑外壁面换热系数分析[J]. 西安建筑科技大学学报(自然科学版), 2008(3)：407—412.

［66］ 住房和城乡建设部, 国家质量监督检验检疫总局. 民用建筑热工设计规范：GB 50176—2016 [S]. 北京：中国建筑工业出版社, 2016.

［67］ BAN‐WEISS G A, WOODS J, LEVINSON R. Using remote sensing to quantify albedo of roofs in seven California cities, Part 1：Methods[J]. Sol Energy, 2015, 115：777—790.

［68］ American Society foy Testing and Materials. Standard test method for solar absorptance, reflectance, and transmittance of materials using integrating spheres：ASTM E903—12 [S]. United Stated：ASTM International, 2012.

［69］ 华南理工大学. 城市居住区热环境设计标准：JGJ 286—2013[S]. 北京：中国建筑工

业出版社，2013.

[70] 中国科学院金属研究所．金属和合金的腐蚀循环暴露在盐雾、干和湿条件下的加速试验：GB/T 20854—2007[S]．北京：中国国家标准化管理委员会，2007.

[71] 刘军，邢锋，董必钦，等．模拟盐雾氯离子在混凝土中的沉积特性研究[J]．武汉理工大学学报，2011，33：56—59.

[72] 陈宏友．江苏沿海地区盐斑地的形成及其改良途径[J]．江苏农业科学，1992：41—43.

[73] Adobe. Photoshop user guide[M]. USA：Adobe Systems Incorporated, 2021.

[74] 廖强，邢淑敏，王宏．水平均质表面上液滴聚合过程的可视化实验研究[J]．工程热物理学报，2006：319—321.

[75] 欧阳跃军．无机盐溶液表面张力的影响研究 [J]．中国科技信息，2009：42—43.

[76] 王秀静，陈克勤，张炬，等．金属大气暴露与模拟加速腐蚀结果相关性探讨[J]．装备环境工程，2012，9：94—98，104.

[77] 邓洪达．典型大气环境中有机涂层老化行为及其室内外相关性的研究[D]．北京：机械科学研究院，2005.

[78] 郝美丽，曹学军，封先河，等．铝合金室内加速腐蚀与大气暴露腐蚀的相关性[J]．兵器材料科学与工程，2006，29：28—31.

[79] HANSEN T K, BJARLØV S P, PEUHKURI R. The effects of wind – driven rain on the hygrothermal conditions behind wooden beam ends and at the interfaces between internal insulation and existing solid masonry[J]. Energy & Buildings, 2019, 196.

[80] QIAN T, ZHANG H. Assessment of long – term and extreme exposure to wind – driven rain for buildings in various regions of China[J]. Building and Environment, 2021, 189.

[81] KIM S, ZIRKELBACH D, KÜNZEL H M. Wind – driven rain exposure on building envelopes taking into account frequency distribution and correlation with different wall orientations[J]. Building and Environment, 2022, 209.

[82] 陈超，张会波，钱天达．基于半经验模型的建筑风驱雨研究[J]．建筑节能（中英文），2021，49：95—102.

[83] 张文武．城市不透水表面对流换热系数的实测和模拟研究[D]．哈尔滨：哈尔滨工业大学，2008.

[84] 李令令，孟庆林，张磊，等．多参数动态热湿气候风洞研制[J]．实验技术与管理，2019，36：95—99.

[85] 冯驰．佛甲草植被屋顶能量平衡研究[D]．广州：华南理工大学，2011.

[86] 国家技术监督局．建筑玻璃可见光透射比、太阳光直接透射比、太阳能总透射比、紫外线透射比及有关窗玻璃参数的测定：GB/T 2680—2021 [S]．北京：国家技术监督局，2021.

[87] 邵建涛，刘京，赵加宁，等．应用萘升华技术实测建筑竖直外表面对流换热系数

[C]//2010 年建筑环境科学与技术国际学术会议论文集，2010：7.

[88] 陈默，谢静超，姬颖，等．高温、强辐射条件下萘升华法测量对流换热系数的适用性研究[J]．建筑科学，2019，35：62—68.

[89] LIU J, SREBRIC J, YU N. Numerical simulation of convective heat transfer coefficients at the external surfaces of building arrays immersed in a turbulent boundary layer [J]. International Journal of Heat and Mass Transfer, 2013, 61：209—225.

[90] 住房和城乡建设部．建筑门窗玻璃幕墙热工计算规程：JGJ/T 151—2008[S]．北京：中国建筑工业出版社，2008.

[91] 住房和城乡建设部．建筑玻璃应用技术规程：JGJ 113—2015[S]．北京：中国建筑工业出版社，2015.

[92] 章熙民．传热学[M]．北京：中国建筑工业出版社，2006.

[93] 住房和城乡建设部．公共建筑节能设计标准：GB 50189—2015[S]．北京：中国建筑工业出版社，2015.

[94] DOE. EnergyPlus [EB/OL]. California：National Renewable Energy Laboratory, 2020. https：//energyplus. net/.

[95] MAGNI M, OCHS F, DE VRIES S, et al. Detailed cross comparison of building energy simulation tools results using a reference office building as a case study [J]. Energ Buildings, 2021, 250.

[96] MAGNI M, OCHS F, DE VRIES S, et al. Hourly simulation results of building energy simulation tools using a reference office building as a case study [J]. Data in Brief, 2021, 38.

[97] ASHRAE. Measurement of Energy, Demand, and Water savings[M]. Atlanta：ASHRAE, 2014.

[98] 王瑞霞．北京地区典型建筑能耗模拟预测与研究[D]．西安：西安建筑科技大学，2018.

[99] 陈智博，沙华晶，许鹏，等．中国公共建筑的建筑典型模型建立[J]．建筑节能，2020，48：97—99，106.

[100] 彭惠旺．珠三角地区商业和住宅建筑的典型建筑能耗模型研究[D]．广州：广州大学，2020.

[101] ZHANG X, WANG A, TIAN Z, et al. Methodology for developing economically efficient strategies for net zero energy buildings：A case study of a prototype building in the Yangtze River Delta, China[J]. Journal of Cleaner Production, 2021, 320.

[102] HONG Y, EZEH C I, DENG W, et al. Correlation between building characteristics and associated energy consumption：Prototyping low-rise office buildings in Shanghai[J]. Energ Buildings, 2020, 217.

[103] CHEN J, AUGENBROE G, WANG Q, et al. Uncertainty analysis of thermal comfort in a

prototypical naturally ventilated office building and its implications compared to deterministic simulation[J]. Energ Buildings, 2017, 146: 283—294.

[104] 刘启明, 高朋, 魏俊辉, 等. 典型气候区典型建筑负荷特性研究[J]. 建筑节能, 2019, 47: 47—50, 55.

[105] 住房和城乡建设部. 建筑采光设计标准: GB 50033—2013[S]. 北京: 中国建筑工业出版社, 2013.

[106] YAO R, LI B, LIU J. A theoretical adaptive model of thermal comfort-Adaptive Predicted Mean Vote(APMV)[J]. Building and Environment, 2009, 44(10): 2089—2096.

[107] OLE FANGER P, TOFTUM J. Extension of the PMV model to non – air – conditioned buildings in warm climates[J]. Energ Buildings, 2002, 34(6): 533—536.

[108] 住房和城乡建设部, 国家质量监督检验检疫总局. 民用建筑室内热湿环境评价标准: GB/T 50785—2012[S]. 北京: 中国建筑工业出版社, 2012.

[109] 住房和城乡建设部, 国家质量监督检验检疫总局. 民用建筑能耗标准: GB/T 51161—2016 [S]. 北京: 中国建筑工业出版社, 2016.

[110] 广东省住房与城乡建设厅. 公共建筑能耗标准: DBJ/T 15—126—2017[S]. 广州: 广东省住房与城乡建设厅, 2017.